集约建构

Compact Constructing

——青岛市民健身中心

Qingdao Civic Fitness Center

高庆辉 著

中国建筑工业出版社

序言一 Preface one

梅洪元

中国工程院院士

全国工程勘察设计大师

《“健康中国 2030”规划纲要》指出，“共建共享、全民健康”不仅是健康中国建设的战略主题，更是全民健身行动的重要方针。体育设施专项规划，是实现全民健身设施合理布局不可或缺的基石。然而，随着城市化的加速，土地资源稀缺的日益凸显，全民健身区域发展呈现出明显的不均衡态势。如何在土地资源紧张的城市中构建高品质的大众体育建筑，满足公众对运动健身的需求，已然成为我们建筑界所面临的紧迫课题。

值此挑战，高庆辉先生以他独特的理性思辨精神，坚守“原创”设计原则，巧妙融合自然、地域、人文、传统与未来等多元要素，矢志追求建筑设计的高品质目标。他与团队创作的厦门新体育中心、六安市叶集区体育中心、阜宁文体中心、新沂体育中心等作品，以清晰有序的结构逻辑塑造了新时期体育建筑的公共形象，与城市的时空背景紧密相连，实现了公共设施既助力城市发展、又服务广大民众的双重目标，在我国体育建筑领域取得了良好的示范和引领作用，赢得了业界广泛赞誉。

在书中我很欣喜地读到，高庆辉先生荟萃长期以来在体育建筑领域深耕细研所积累的经验，在青岛市民健身中心的创作中，深入剖析了“集约、可变、共享”设计理念如何在体育建筑的规划、建造和使用过程中得以贯彻。在宏观层面，关注场馆选址与城市发展的互动关系，确保场馆用地不被城市扩张所侵蚀; 在中观层面，平衡功能与用地的矛盾，在满足赛事需求的基础上实现集约布局，预留未来发展空间; 在微观层面，充分考虑不同赛事对场馆的空间需求，实现场馆功能的灵活转换。作者从多维度将理论与实践相结合，深度探讨了我国公共体育设施的选址、策划、设计和运营等诸多问题，系统提出了应对方法与策略，形成了一部高水平的体育建筑学术专著。

由衷地期待高庆辉先生及其团队在体育建筑领域继往开来，创造更多优秀作品，为建设健康中国贡献更多的智慧和力量。

2024 年 2 月

钱锋
全国工程勘察设计大师
同济大学建筑与城市规划学院教授
同济大学建筑设计研究院（集团）有限公司总建筑师
中国体育科学学会、中国建筑学会体育建筑分会理事长

人们对青岛的印象通常停留在海滨浴场和崂山等旅游度假景点，抑或是 19 世纪末德国租界时期发展起来的八大关等老城区。东南大学建筑设计研究院高庆辉总建筑师主持设计的青岛市民健身中心项目，则把我们带到了青岛西海岸的红岛片区。这组现代化的建筑群曾作为第 24 届山东省运动会的主场馆，赛后又举办了中国男子篮球职业联赛（CBA）、国际田联田径赛等国内外重要赛事，在行业和社会得到了广泛的认可，是一组优秀的体育建筑作品。

我国当代体育建筑的发展始于 1990 年北京亚运会所建的那批优秀的亚运场馆作品。而 2008 年北京奥运会，从某种意义上来说也是我国奥运体育场馆在世人面前的多元展示。多年来，我本人也曾有幸主持设计了奥运会、全运会、省运会等大型综合赛事场馆的项目。高总邀我作序，颇感荣幸，借此契机，谈一下个人见解。

众所周知，大型体育建筑首先要满足组委会的赛事使用要求，但在此基础上也需要兼顾平时利用，这是大型体育建筑普遍存在的世界性难题。青岛市民健身中心项目在设计之初就充分思考了如何平衡和兼顾好大型赛事举办时的社会效益以及平时使用时的经济和环境效益问题，考虑了空间的灵活性和可变性，除了场馆可在赛后继续承担职业赛事与商业演出外，设计时预留的大量室内外运动与运营场所，在平时使用中也达到了很好的效果。随着近年来大众体育类型项目发展得越来越多、越来越好，相信未来体育建筑也将走向职业赛事、大众健身，乃至体育培训与商业的多元方向。

大型体育场馆设计的地域性表达是另一个值得重视的问题。大尺度的场馆如何与城市环境融合，如何与地方文化契合，这些都是建筑师面临的一大挑战。1990 年北京亚运会主场馆、2008 年奥运会国家体育场等设计都从不同角度诠释了当代体育建筑特点与中国传统文化要素结合的可能性。青岛市民健身中心设计则是通过理性、节制的设计思路，把大的场馆建筑融入周边湿地环境，通过提取青岛海洋文化元素，塑造出简洁、明晰，既有原创、新颖、时尚的国际化建筑语言，又有着青岛地方特色的建筑形象。

在场馆功能、视线、结构、节能等体育建筑设计本身需要关注的基本问题上，该项目的体育场和体育馆的场芯设计采用紧凑、集约、高围合的策略，在满足视线的基础上，能够为观众营造出良好的观赛体验。内部的结构设计非常精彩，与建筑空间结合得也很合理，对场馆节能以及造价控制都是很有利的。这些适宜的空间尺度符合后奥运时代体育建筑走向绿色低碳、可持续发展的时代方向。

青岛市民健身中心项目设计反映了当代中国建筑师综合的驾驭能力，既体现了国际化视野与务实、理性的本土创作思维，又展现了作为团队指挥，集合工程、经济等多角色的综合协调能力。作为该项目的主持建筑师——高庆辉总建筑师也是中国体育科学学会、中国建筑学会体育建筑分会的理事之一，看到了近期他和团队在厦门、合肥等多地完成的体育中心优秀作品，其中所呈现的集约、可变、共享等理念，丰富了体育建筑的设计内涵。最后由衷地祝贺高总的著作出版！

2024 年 3 月

韩冬青

全国工程勘察设计大师

东南大学建筑学院教授

东南大学建筑设计研究院有限公司首席总建筑师

国家历史文化名城青岛，是中国北方重要的海陆枢纽，现代城市规划思想在中国落地最早的城市之一。海滨浴场、“八大关”等著名场景令这座名城给人留下挥之不去的深刻记忆。如今青岛正在传承与发展的道路上不断谱写新的篇章。我院总建筑师高庆辉带领团队精心设计完成的青岛市民健身中心，历经三年的设计与施工建设，于 2018 年落成，至今运营已满五年。西海岸胶州湾畔的红岛片区由此展现出新的风貌，为青岛这座美丽的城市，也为我国体育建筑设计领域增添了一部优秀的作品。

体育场馆因其复杂的功能与工艺、高大的空间场域、大跨结构及建造技术，成为建筑设计领域中最为复杂的类型之一。现代以来，经过几代建筑师的不懈探索与实践，中国体育建筑的创作和建设成就已令世界瞩目，而探索之路正在传承与创新的旋律下不断延展。体育场馆作为城市中的大型公共设施，是一种典型的城市建筑，需要回应所在地段乃至城市的环境及文化意义。体育场馆的可持续利用和低碳运维也正使其面临新的挑战。体育建筑的功能性、城市性、文化性、生态性为其与生俱来的复杂性注入了新的内涵。如何通过既科学合理又富有创意的规划设计，展现体育场馆新的现代性或未来涵意，成为大型体育场馆设计、建造和运维的时代命题。

青岛市民健身中心是大型体育场馆设计探索进程中的一个值得观摩的样本。该项目从研究青岛城市的地理、环境和文化开始，系统解读上位规划与城市设计，提出了富有创意又具有落地性的设计方案，在方案深化与技术设计中，采取紧凑、集约的规划与建筑设计理念，在兼顾功能要素与美学品质的基础上，将建筑与结构、机电、消防、工艺以及幕墙与屋面等专业紧密整合，尽力实现节地、节材、节能，为体育建筑与建筑设计领域提供了一个回归理性、回归人本的好思路。

一个成功的作品需要有优秀的建设、设计以及施工与运营团队。当然，建筑师的原创性思维，以及热情和勤奋的工作是至关重要的。高庆辉和他的团队在方案创作阶段反复锤炼与提升优化，在设计进程中整合各土建专业以及室内、景观、幕墙、消防等多个专项，在工地现场与建设、施工、监理等单位密切协调，共同面对挑战。这个项目凝聚了团队的智慧和心血，从创作理念、方法和技术等角度看，都是一个比较优秀的作品。去年我曾建议高庆辉总建筑师就青岛市民健身中心项目设计做个总结，为行业交流提供实践的案例样本。近日看到这本图文并茂的项目实录时，尤感欣喜。值得一提的是，本书对建设及后期运营过程进行了全过程记录。正如大家常说的：建筑不只是要设计好，也要建好、用好！高总邀我为本书作序，尤感荣幸，借此机会由衷地祝贺本书出版，并衷心期待诸位前辈和同行们的批评指教！

2024 年 3 月

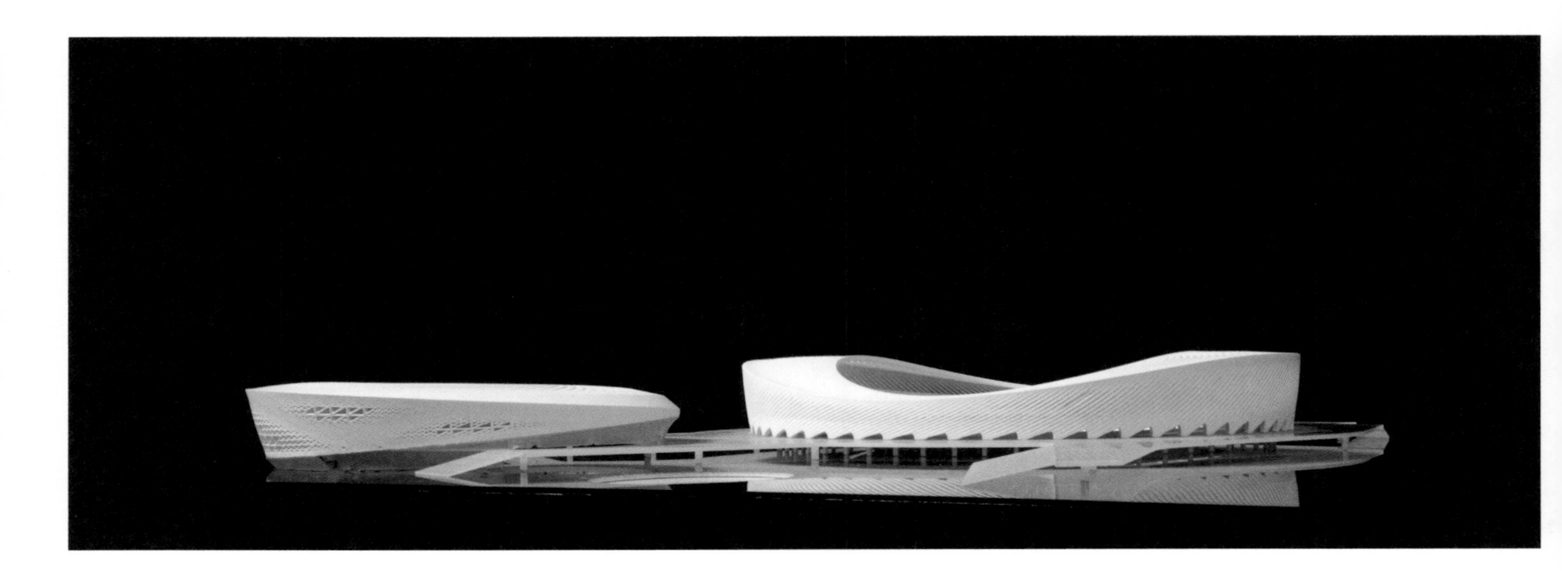

从 1990 年北京亚运会至今，我国举办大型国际综合性体育赛事已经走过 30 余年的历程。随着 2008 年奥运会以及 2022 年冬奥会在北京的成功举办，首都北京也成为世界范围内首座主办过冬、夏两季奥运会的国际奥运城市。近年来，国际大型综合赛事的举办更是深入到广州、哈尔滨、南京、杭州与成都等省会中心城市。除却赛事组织水平和运动成绩获得普遍赞誉外，作为这些“事件”的空间载体，大型体育场馆的建设也在全国如火如荼地展开。因此，在当前我国城市从重“量”至重“质”这一转型发展的新时期，重新审视和思考大型体育建筑对当地的城市化进程，以及对地域、文化、生态等公共价值方面的贡献就具有重要的意义。

本书正是笔者对主持设计的青岛市民健身中心项目进行的完整回顾与记录。写作从 1 设计背景开始，解读区位定位、发展沿革、文化与生态等城市要素，概述赛事举办与场馆建设的发展历程，分析项目与所在城市片区与生态空间的内在关联，为其后的设计奠定基础；2 概念方案介绍设计之初的概念方案，对用地、功能与环境进行分析，树立关联城市、协同联动与生态保护的设计策略，并以形态和场所塑造来实现公共性的设计目标；3 规划与设计为本书的核心内容，即场地规划与建筑设计，以场所的诗意营造、紧凑的规划布局以及同构的空间设计，分别对体育场馆的整体形态、场地与基座、环厅与直梯、看台座席、结构与外帷系统，以及相关的风环境、声学、消防性能化设计与机电工艺等内容进行详细阐述；4 建设实施是对涉及主体钢结构与外帷幕墙等复杂部分，以三维数控技术贯穿深化设计、预制加工、现场安装，实现精细化的施工还原；5 后期运营是对场馆在省运会及赛后使用期间举行体育赛事、商业演出以及大众体育活动等运营情况的总结；6 访谈为对建设、设计、施工以及运营等参建单位主要负责人的访谈，分享项目中难忘的经历与宝贵的经验及心得体会；7 信息 / 后记为获奖及参展情况、参建单位、作者简介与后记。

因此，本书通过全过程、全专业地记录这座从 2015 年 12 月开始设计，于 2018 年完工并主办过第二十四届山东省运动会，其后又承接了多场国内外重大职业与业余比赛、全民健身及商业演出等运营活动的场馆的完整建设历程，从规划选址、土地利用、空间布局、形态建构、结构机电等方面多视角探析大型体育场馆建设如何以集约的态度塑造出生态和谐、经济适用、人文友好的城市公共空间，期望为未来体育建筑这一领域的规划设计贡献绵薄之力。项目的完成离不开建设、勘察、设计、施工以及监理等参建各方同行们的辛勤工作，尤其感谢中国建筑青岛体育文化发展有限公司的高龙总经理、中国建筑铁路投资建设集团有限公司的常永强经理、青岛市城市规划设计研究院刘宾总监、孙文东设计师、北京华体创研工程设计咨询有限公司杨东旭总经理、魏国强总工程师等专家同行们在本书写作中提供的不遗余力的支持和帮助。

本书的完成需要特别感谢中国工程院梅洪元院士。梅老师作为我国当代体育建筑设计领域的领衔人之一，他主持的本土体育建筑在地性创作理论研究与诸多重大体育建筑的经典实践作品都是我学习的榜样。我也曾有幸参加了哈尔滨工业大学举办的体育建筑高峰论坛的学术活动，梅老师与团队对本项目以及我和团队设计的其他体育项目都给予了无微不至的关心、指导和鼓励，为我完成这本书的写作提供了原动力，也更加坚定了我从事体育建筑类型研究与实践的信心；特别感谢体育建筑领域的著名专家——全国工程勘察设计大师钱锋教授，作为中国体育科学学会、中国建筑学会体育建筑分会的理事长，钱老师邀请我参加分会工作，在多次的交流活动中学习到了他与其他老师在历届奥运会与全运会等场馆作品中的优秀设计理念，让我受益匪浅，同时再次感谢钱老师在百忙之中为本书作序。

特别感谢全国工程勘察设计大师、东南大学建筑设计研究院有限公司（后称我司）首席总建筑师——韩冬青教授在日常工作中给我的无私帮助。感谢韩老师鼓励我在项目完成后进行总结并写作本书，他的序言从城市、文化、低碳、生态等角度诠释了体育建筑的时代内涵。多次高屋建瓴的指点，让我进一步明晰了未来从事体育建筑及其他类型建筑创作与研究的方向；感谢我司袁玮总经理、施明征总工程师在项目推进中卓有成效的管理和协调工作，袁总与施总对设计与现场服务等各阶段的精心组织为项目的实施和完成提供了坚实有力的保障；感谢我司副总经理、总工程师孙逊作为技术总负责人对本项目的总体把控，以及在设计过程中展现出的高超的结构技术水平，为设计完成与现场实施等整体全过程奠定了坚实的基础，并感谢孙总为本书出版提供的巨大支持；感谢我司建筑设计二院院长石峻垚、副院长韩重庆、杨波，以及二院薛丰丰、李宝童、王志东、程洁、丁惠明、许轶、张磊等各位总建、总工与老师们在项目设计中的精诚合作；感谢创作中心主任助理艾迪、建筑师陶立子、闫宏燕、李哲健、缪斯、刘志现、倪晓筠以及我的研究生杨浩、范梦凡和胡菲等辛勤的整理工作。

最后，在此感谢我的合作者、我司创作中心总建筑师万小梅在本项目设计和实施过程中的倾情付出。

高庆辉

2024 年 4 月于南京

目录 Contents

1 设计背景
Background

解读青岛
Interpretation of Qingdao

青岛市位于我国山东半岛东南部，东濒黄海。作为东部沿海的重要港口城市，青岛长期承载着山东省金融商贸中心、国家蓝色经济产业示范区以及国际海洋文化合作平台等服务与交流的枢纽职能。自 1891 年建置开始，城市最初以青岛湾港口的老城区为核心，之后涵盖了四方、沧口等东岸区域。改革开放后，尤其是进入 21 世纪以来，青岛市加快现代化建设步伐，城市规模迅速扩大，逐步形成东至崂山，北至城阳，西南至西海岸新区的市域格局。2012 年又确立了“全域统筹、三城联动、轴带展开、生态间隔、组团发展”的空间发展战略，即围绕胶州湾，建设东岸、北岸、西岸三大城区联动的组团式、生态化海湾型大都市。其中，北岸城区地处市域空间中枢，定位于疏解东岸、衔接西岸的科技、人文与生态新城。

作为我国道教发祥地之一，青岛也是我国著名的历史文化名城与滨海度假旅游城市。由于地处海洋与陆地生态系统交会地带，其生态空间主要集中分布在北部大泽山 、东部崂山、中部大沽河以及南部大 、小珠山等区域，呈现出“一湾两翼、三山一原”的生态格局。

青岛天泰体育场

青岛市民健身中心

项目源起

Project Origin

20 世纪 90 年代初第十一届亚洲运动会在北京成功举办，开启了我国承办大型国际综合性体育赛事的先河。时隔十余年后，北京又相继迎来了 2001 年第二十一届世界大学生运动会和 2008 年第二十九届夏季奥林匹克运动会。其后，广州 2010 年第十六届亚洲运动会、哈尔滨 2009 年第二十四届世界大学生冬季运动会、深圳 2011 年第二十六届世界大学生夏季运动会，以及南京 2014 年第二届青年夏季奥林匹克运动会等国际体育盛会相继召开。2022 至 2023 年，随着第二十四届冬奥会、第十九届亚运会与第三十一届夏季大运会又分别在北京、杭州与成都顺利落幕，进一步扩大了我国承办国际综合赛事的城市区位覆盖面。

大型体育赛事的举办也相应推动了大型体育场馆建设。除去奥运会、亚运会、大运会乃至全运会场馆外，各地大中城市也兴起了大型体育中心的建设热潮，带动了体育竞技和全民健身运动的发展。田径、篮球、羽毛球、游泳等传统项目以及冰雪运动等冬季项目逐渐深入大众群体，加之全社会对绿色、健康的关注，体育场馆的建设正迈向人文、科技、生态的新时代。

青岛近现代体育建筑的发展最早可追溯到 20 世纪 30 年代初，为举办当时的华北运动会而兴建的青岛天泰体育场。为承办北京 2008 年奥运会帆船比赛的青岛奥林匹克帆船中心等建筑的落成，又填补了大型单项体育赛事场馆的空白。2015 年，第二十四届山东省运动会落户青岛，于胶州湾北部红岛片区新建主场馆——青岛市民健身中心（以下简称市民健身中心），则使得青岛具备了承办区域乃至国家级综合性赛事的条件。

另外，大型体育场馆的兴建也有助于促进所在地区的城市化进程。21 世纪以来，伴随着我国城市新区的快速成长，体育建筑往往作为“触媒”，成为城市空间增量拓展的催化剂。例如，北京作为世界范围内首座举办过冬、夏两季奥运会的城市，在奥运前后大幅提升了其作为世界级都市的硬件和软件水平；而坐落于南京秦淮河以西地区，先后举办过 2005 年全运会和 2014 年青奥会的南京奥林匹克体育中心，也促进了南京河西新城的发展。因此，市民健身中心的兴建，既可实现大型赛事、全民健身、体育训练、人才培养以及产业发展的综合目标，又可提升城市的发展能级与公共服务品质。

红岛经济区及周边区域总体城市设计

城市设计
Urban Design

红岛经济区西片区位于北岸城区濒临胶州湾的滨海地带，布局市民健身中心、红岛国际会议展览中心以及红岛站等公共服务设施，既减少对城市腹地的阻隔，又利于大型活动开展时的安保独立性。这些以体育、会议、展览、客运、商业、办公、居住等多元业态组成的大街坊，与市政基础设施一起，融入“蓝绿交织，岛群相连”的河、海、田、园生态公园中，引导与带动片区活力提升的同时，实现了城市发展与生态保护的双赢。

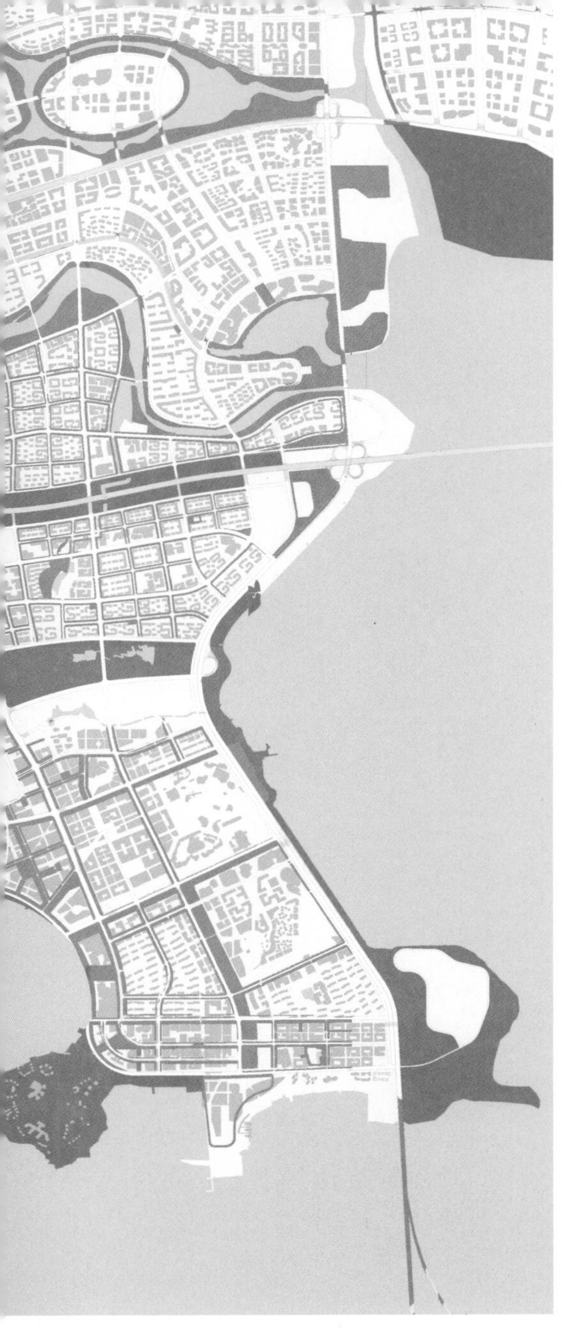

1. 青岛市民健身中心
2. 红岛站
3. 红岛国际会议展览中心
4. 康复中心
5. 康复大学
6. 图书馆、博物馆
7. 国际交流中心

1. 红岛国际会议展览中心
2. 体育培训学院
3. 住区
4. 综合服务区
5. 市民健身公园
6. 休闲公园

市民健身中心片区设计

2 概念方案
Schematic Design

项目概况

Project Description

市民健身中心位于红岛片区胶州湾高速以南，火炬路以东，规划经二路以北，湿地公园以西约 105hm^2 的五边形用地内。规划内容包括近期建设的 6 万座体育场、室外田径练习场与 1.5 万座体育馆，以及远期规划的游泳馆、自行车馆、网球馆、运动员公寓与体育产业用房等。现场踏勘之时，自平坦的场地南眺胶州湾，湾岬相间，水天一色，一览无余。

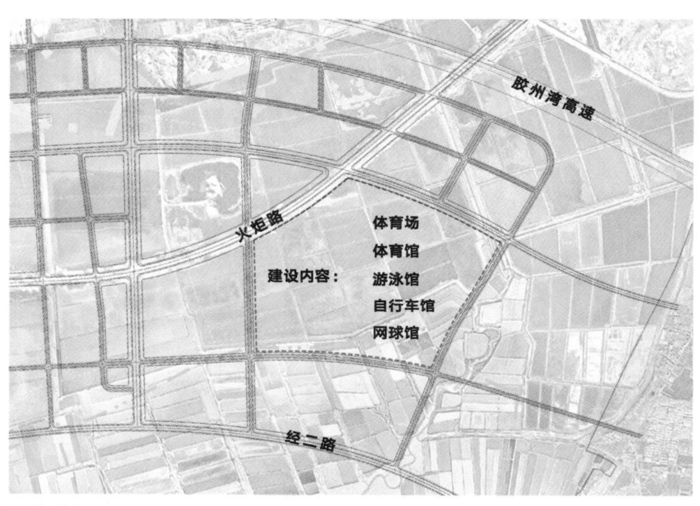

规划用地

场地实景

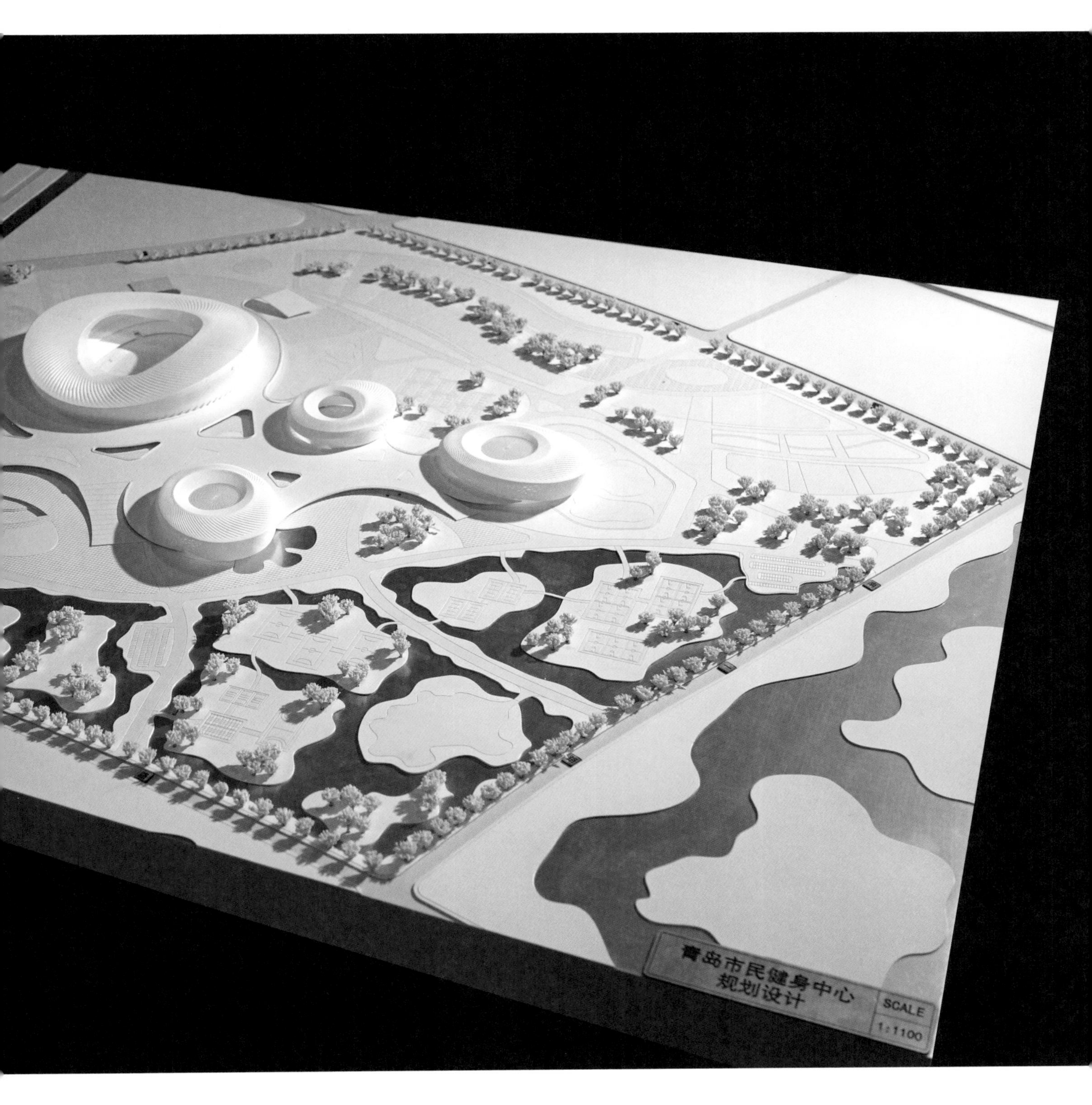

目标与策略

Objectives & Strategies

关联城市的公共中心

作为城市发展特定“事件”的空间载体，设计旨在以开放的姿态、超越个体的彰显，与其他市级公共服务设施一起塑造新的城市公共中心，从而激活北岸城区，实现城市双向开放、环湾发展与转型升级的战略目标。

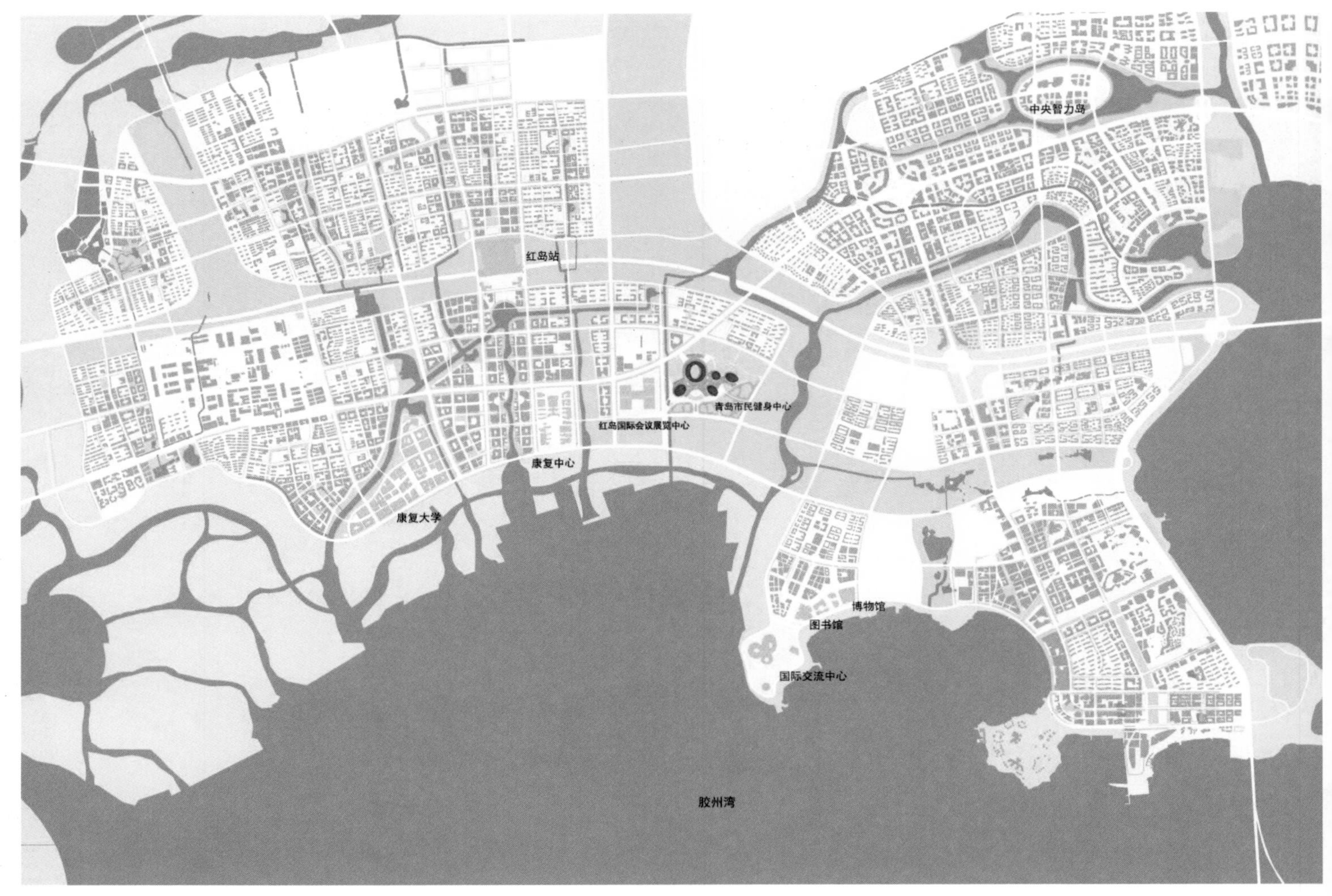

整体联动的公共组团

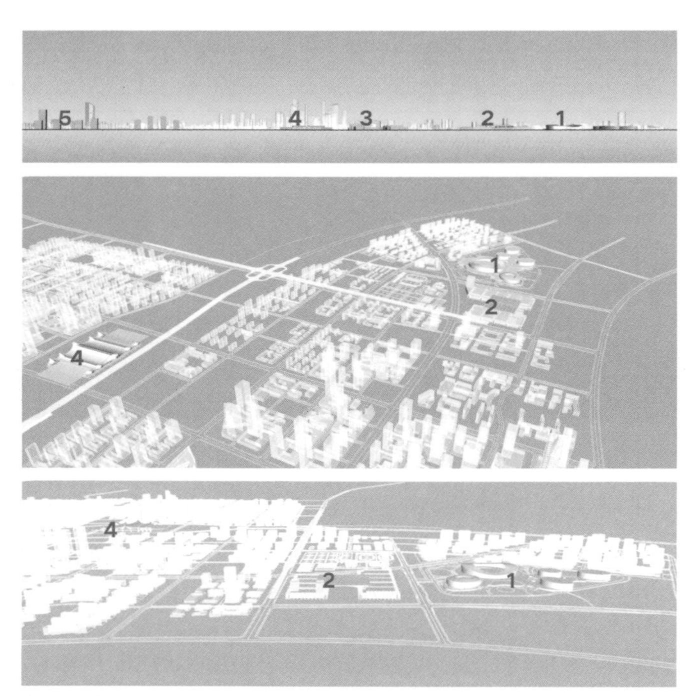

个体协同的视景空间

1. 青岛市民健身中心
2. 红岛国际会议展览中心
3. 康复中心
4. 红岛站
5. 康复大学

整体联动　个体协同

通过与红岛站、国际会议展览中心等街坊组团之间多维、多路径、多节点“看”与“被看”的视线分析，市民健身中心采取适度拉开、互不遮挡、集中和分散相结合的模式，使得场馆要素在土地集约利用的基础上得以最大化的显现。它们面海背城，以近景、中景、远景的不同景深层次，集体展示于胶州湾北岸，共同定义出公共中心群组形象。

生态优先　保护湿地

所有建筑均严格控制在胶州湾湿地保护线以北。以位于用地中部、近期建设的 6 万座体育场为核心，室外田径练习场与 1.5 万座体育馆分居西翼南北两侧；远期规划的游泳馆、网球馆、自行车馆三馆则散布于东侧，与湿地公园相互交融，在保持南北轴线的基础上，面向胶州湾呈“对称中的不对称”的灵动态势。

总体布局

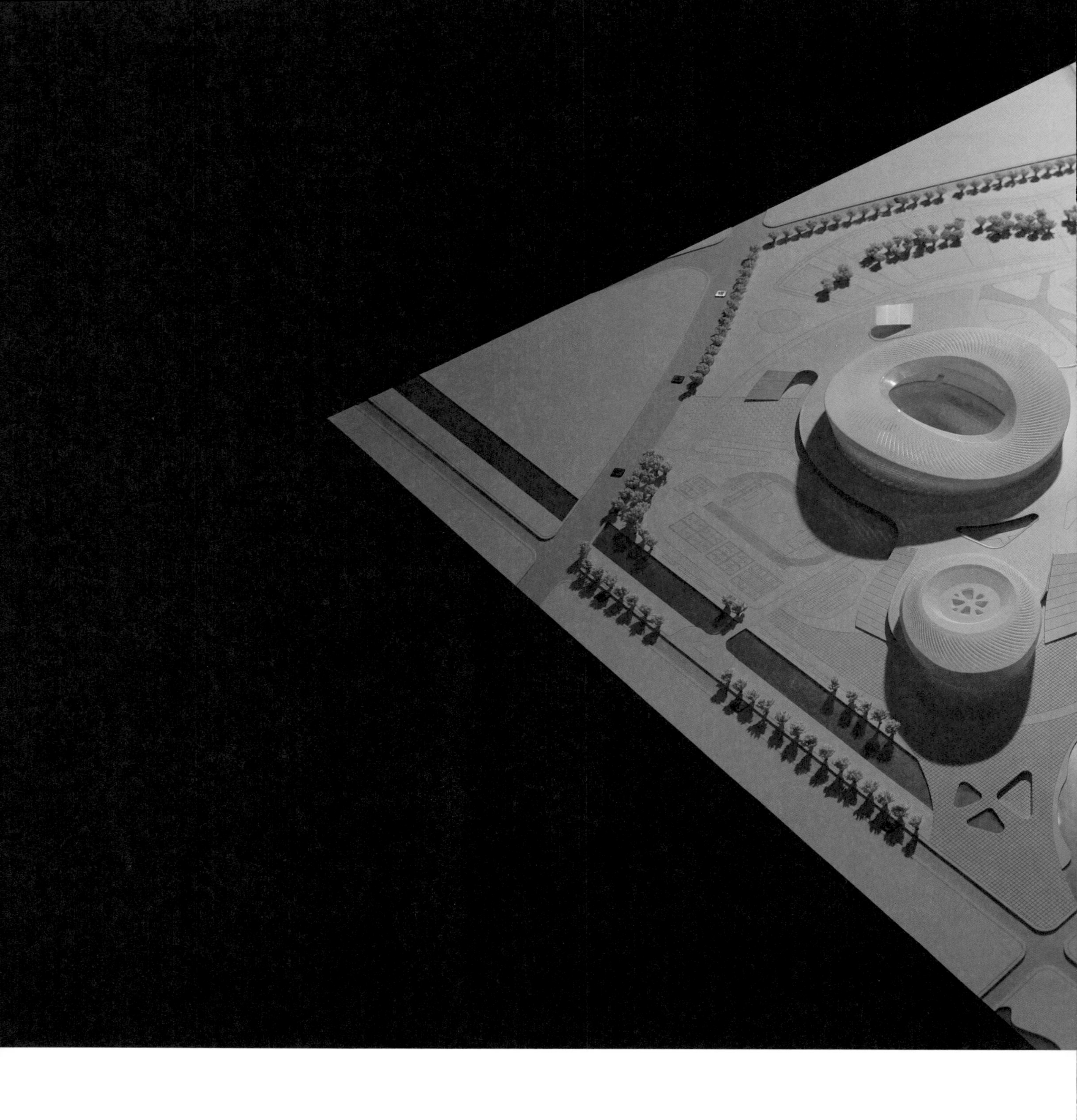

设计理念

Design Concept

胶州明珠

场馆宛如胶州湾畔一颗颗温润璀璨的“珍珠”，成为新机场起降航道上可被旅客多义解读的滨海标识。通过这一意义的“生产”——超大规模的体育建筑与地方文化的对话——被市民想象与感知，从而获得公共身份“认同”。

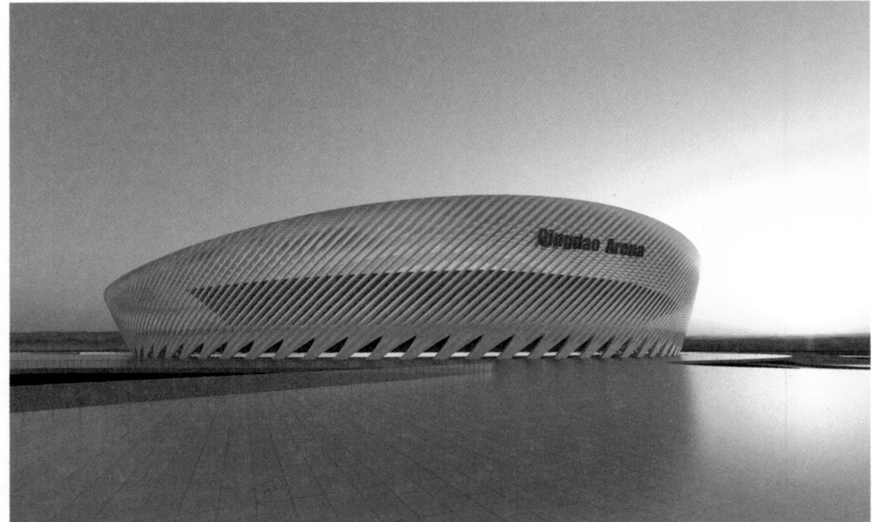
Qingdao Arena

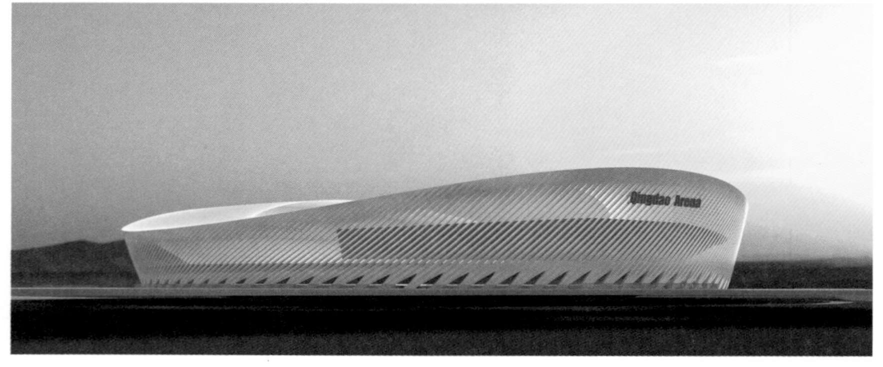

体育公园

体育场馆作为城市公共场所，在传递出新时期社会价值的同时，通过为公众提供有期待、体验性的“剧情”，实现真正意义上的公共性：北区规划为以健身训练、康复娱乐等为主的体育科研产业区，东南片区则是由篮球、网球、排球、轮滑、攀岩、露营以及水上自行车与极限运动等形成的生态湿地体育公园，均可全天候向社会开放。

3 规划与设计
Planning and Design

海之语：

胶州湾畔·沙贝轻吟

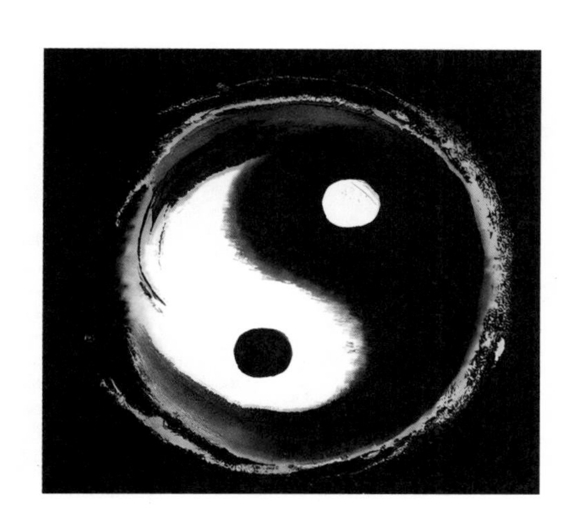

道之源：

崂山之道・阴阳相成

海之语：胶州湾畔·沙贝轻吟

道之源：崂山之道 · 阴阳相成

海之语

Murmur of the Ocean

海·沙

云·贝

玉·盘

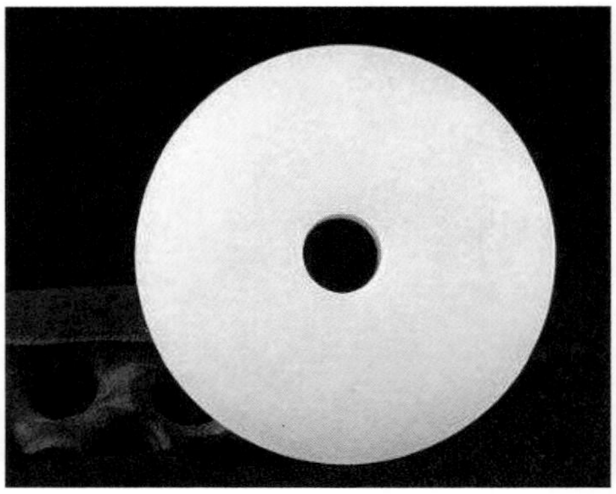

海波涟漪、沙滩印痕、云贝珍珠……

浪漫青岛的海洋“图景”，

成为市民健身中心项目设计的灵感源泉。

“海之沙”·“云之贝”·“玉之盘”

“海之沙”——体育场以轻盈起伏的纹络组成屋面与立面的“罩衣”，似被海浪拂过的沙滩。
“云之贝”——体育馆寓意蓝天下的白色贝壳。
“玉之盘”——观海疏散平台如连绵舒展的美玉碟盘。

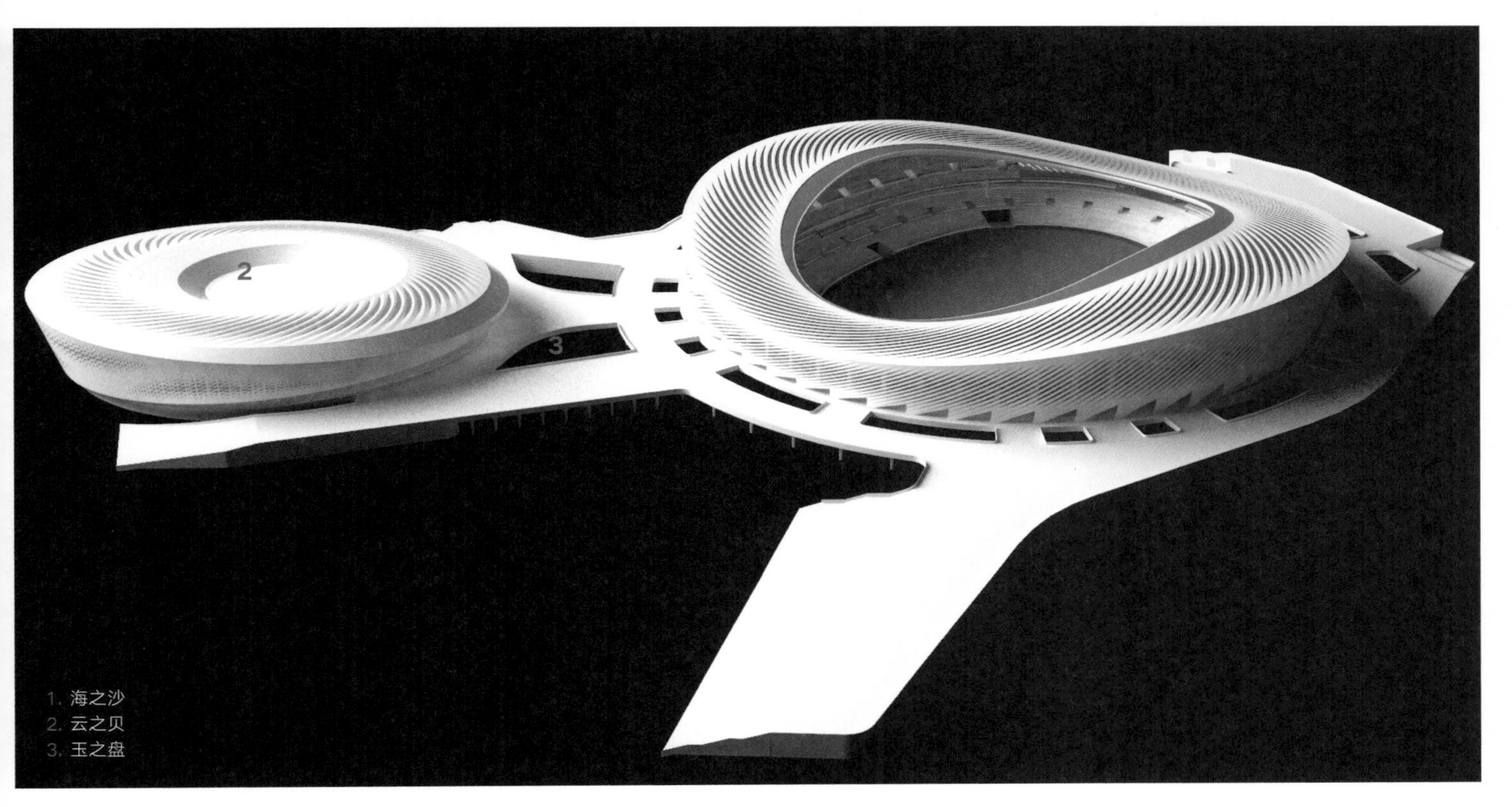

“海之沙”“云之贝”的一场一馆，以优雅的身姿端坐于“玉之盘”平台之上，它们构成了市民健身中心的主体建筑，也定义了胶州湾红岛片区的天际线。

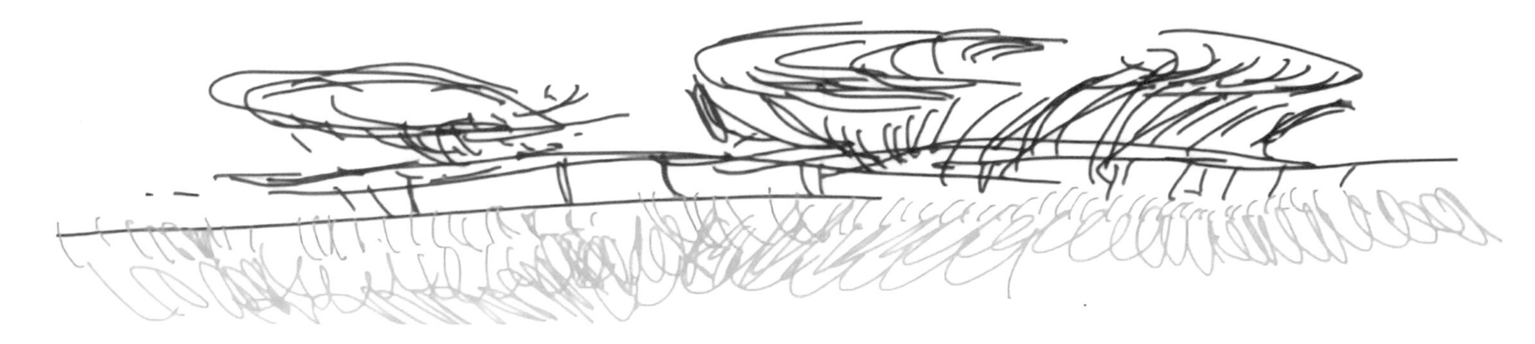

道之源

Source of Taoism

诗意营造

青岛崂山，相传为道教发祥地之一。自春秋战国与秦汉始，其朴素又深邃的道教文化，滋养着青岛地域的世代居民。于是，设计以尊重环境、敬畏自然、天人合一的营造理念，意图在大尺度的建筑和自然生态本底之间，取得一种诗意的平衡：场馆如丹顶鹤的羽毛轻盈地“漂浮”于平台之上，融入胶州湾海天一色的原野之中。

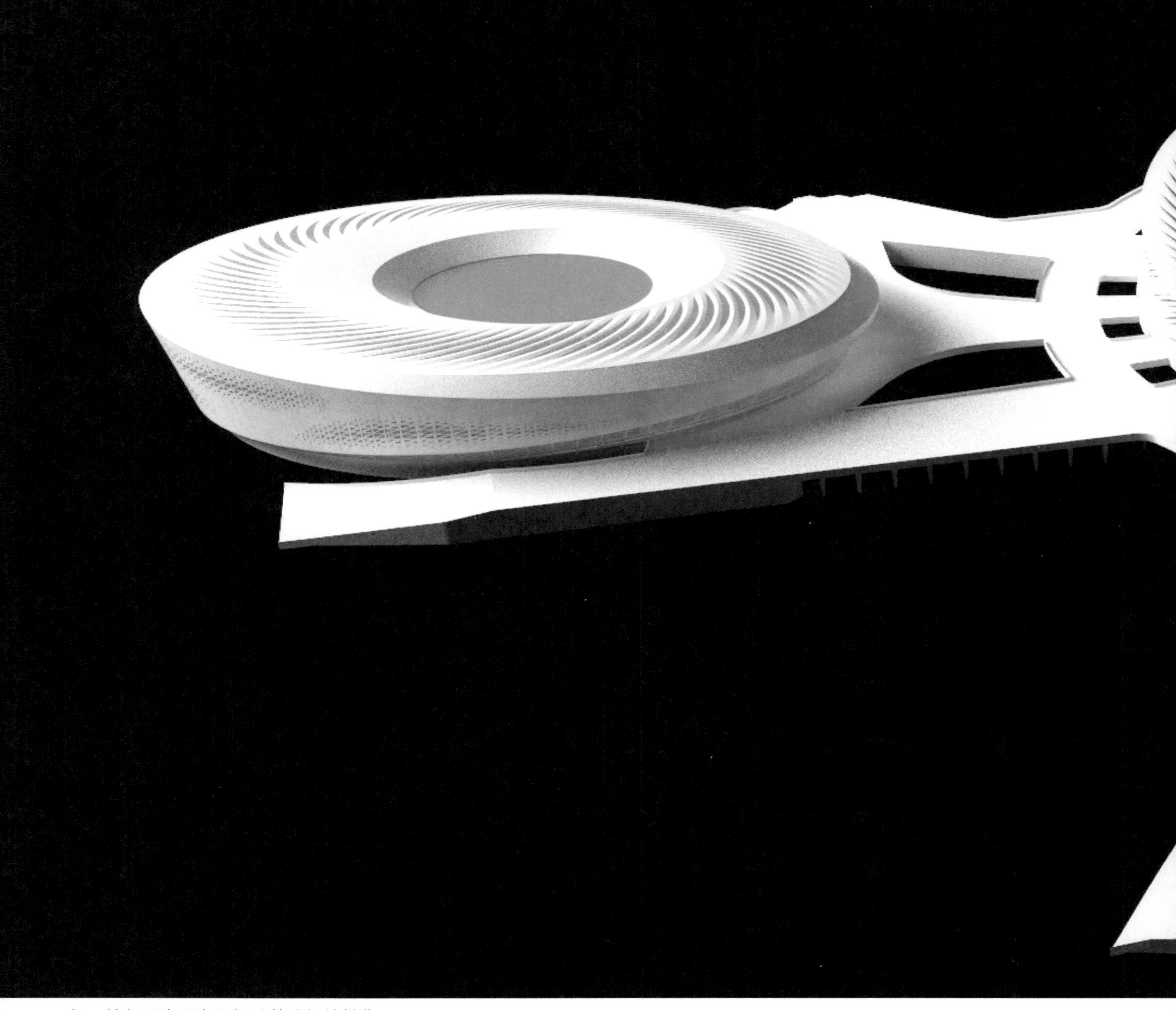

一场一馆与观海平台和场地的“轻接触”

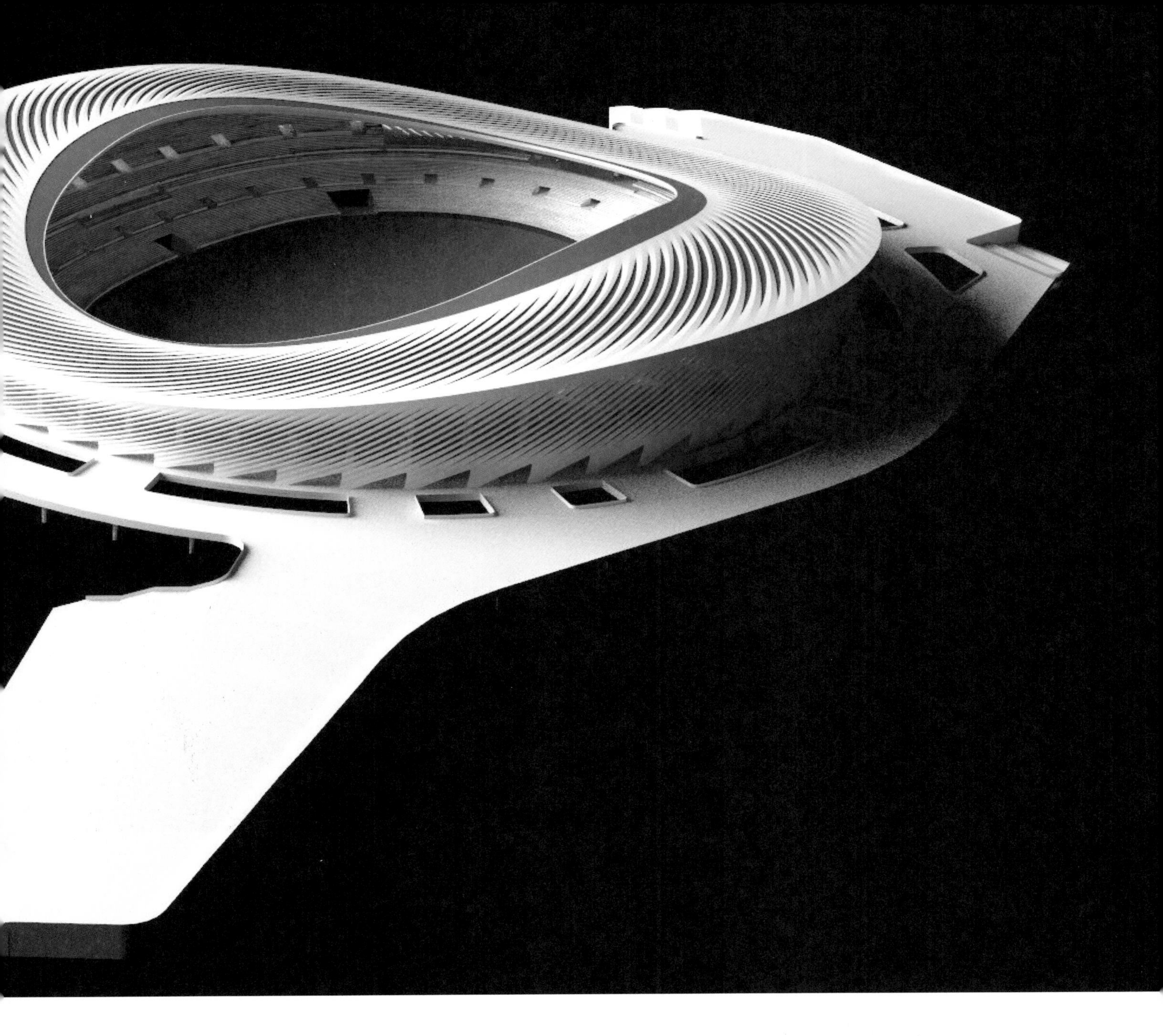

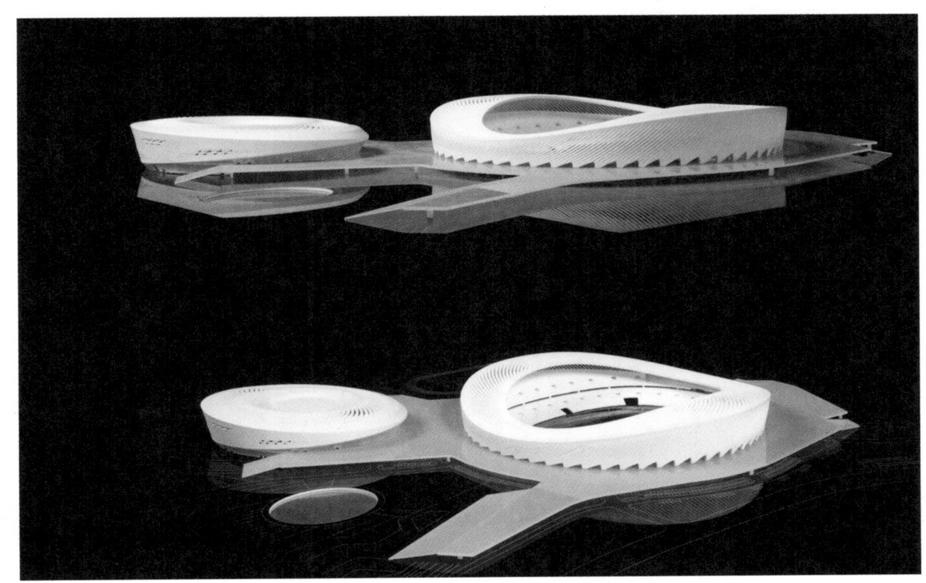

轻触湿地

顺应地形，因地制宜，轻介入原始地貌：对南侧凹地滩涂加以适度改造为圆形蓄水池，随潮汐变换而成为淡水与海水混合的可渗透、可“呼吸”的特色景观区；场地设计严格控制道路与硬质广场面积，尽量减少开挖与回填；并针对体育馆内场、建筑主体区域以及平台下部架空停车场等不同沉降级别要求的各部位，采取不同的软地基处理策略，尽可能地与场地“轻”接触。

轻触湿地

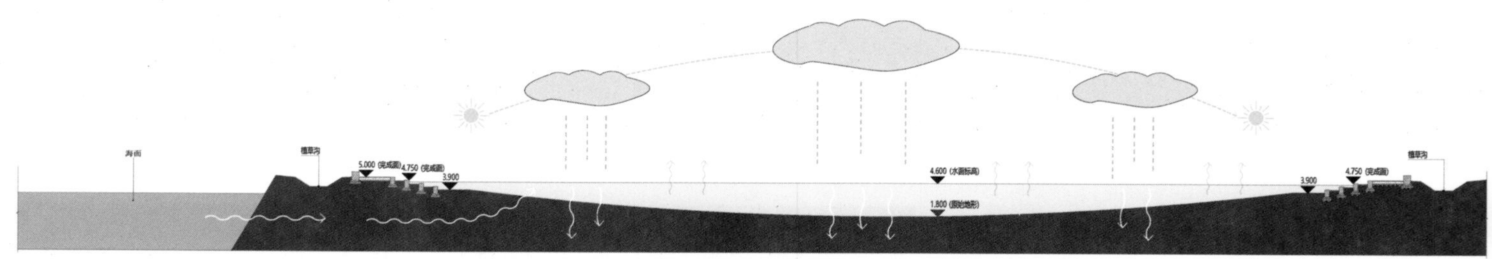

淡水与海水混合的圆形蓄水池

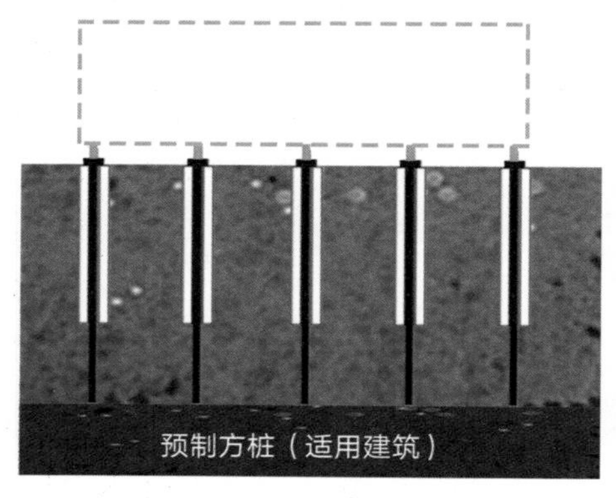

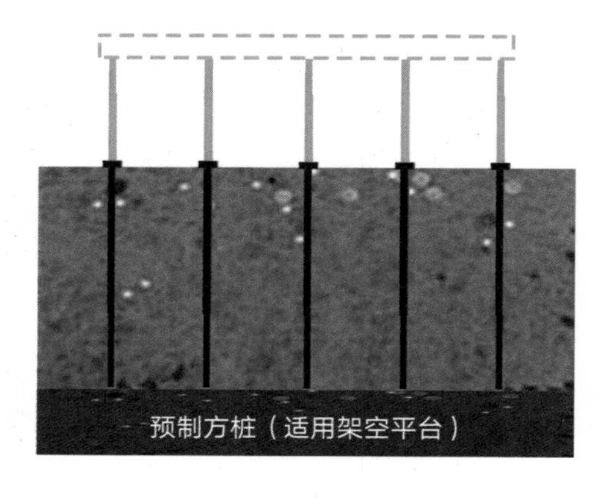

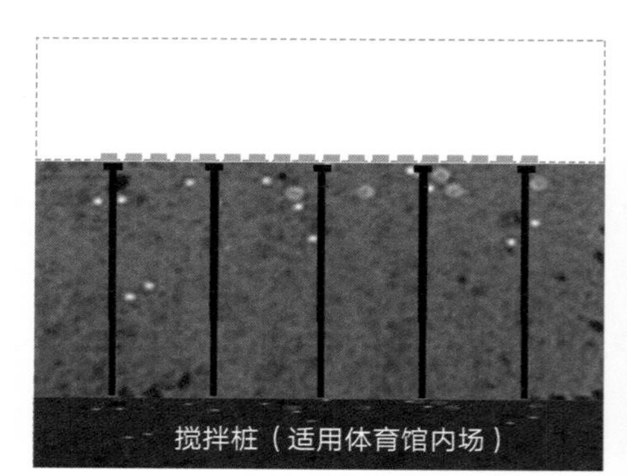

不同形式的软基地处理

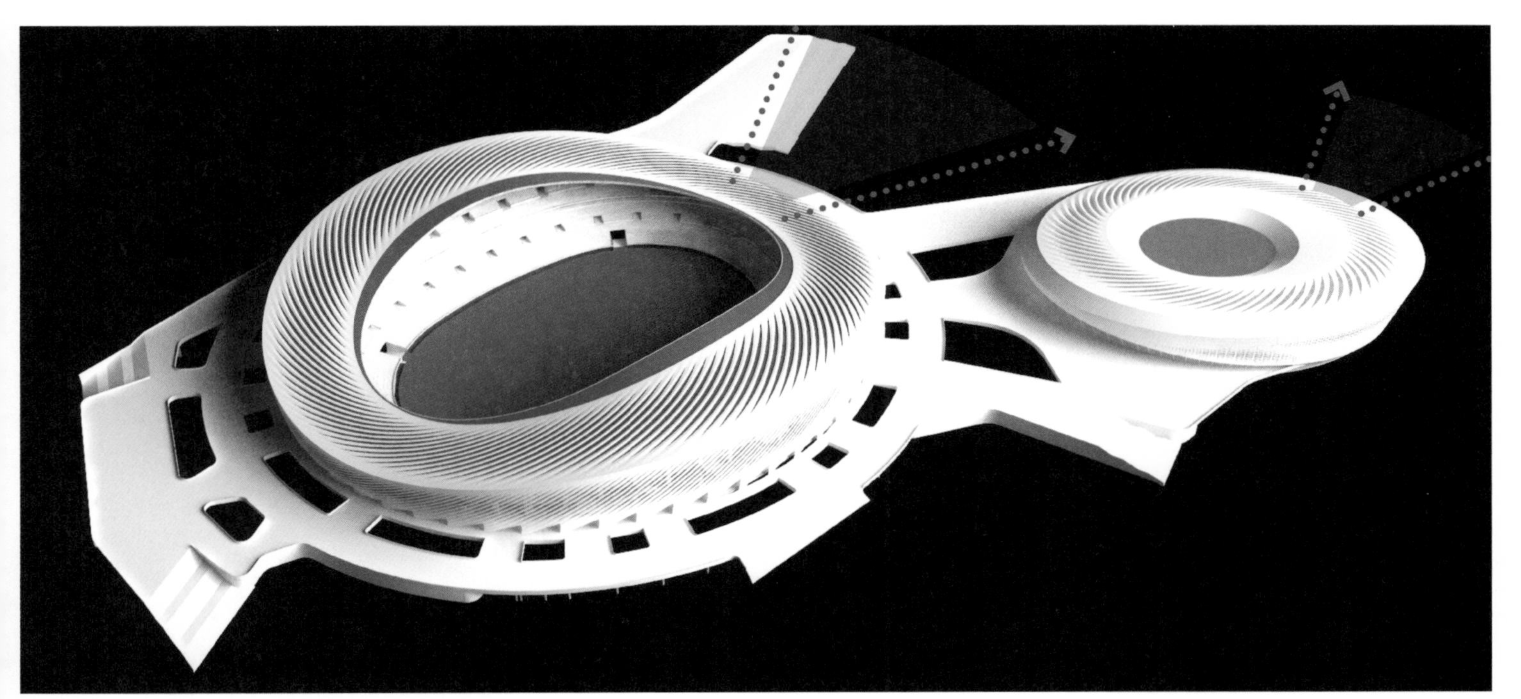

观海视线

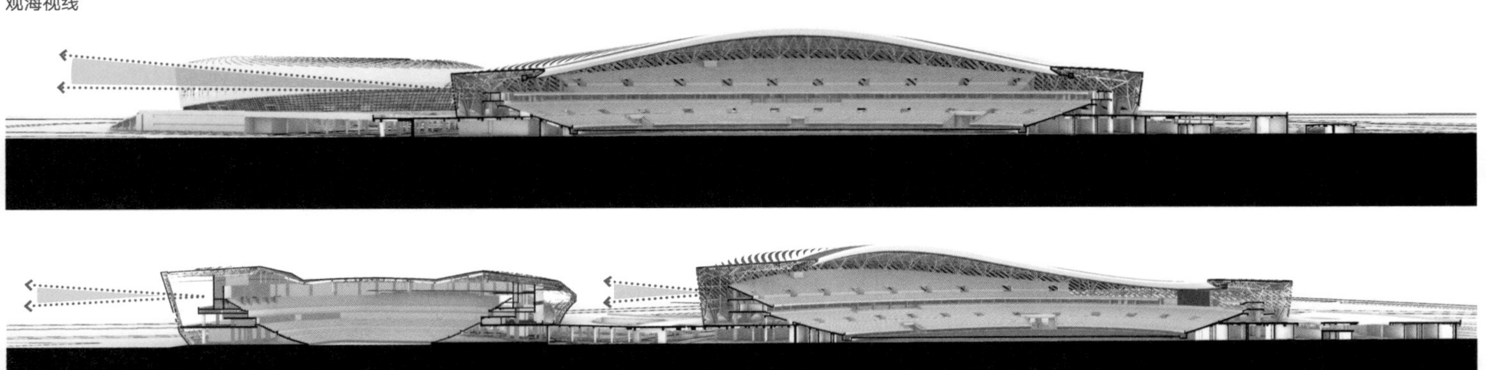

场馆与平台观海

以海为“媒”

充分利用胶州湾优质景观资源，提升场馆观海与平台观景的场所体验性。架空于湿地之上 7.5m 高的平台既连接了一场一馆，也是赛时疏散和平时观景的全民健身步道空间，同时承担起防灾避难的功能。

一场一馆的高度适度压低，似画卷般徐徐“展开”于水池之畔；夜幕下，淡水与海水随着潮汐交互变换……

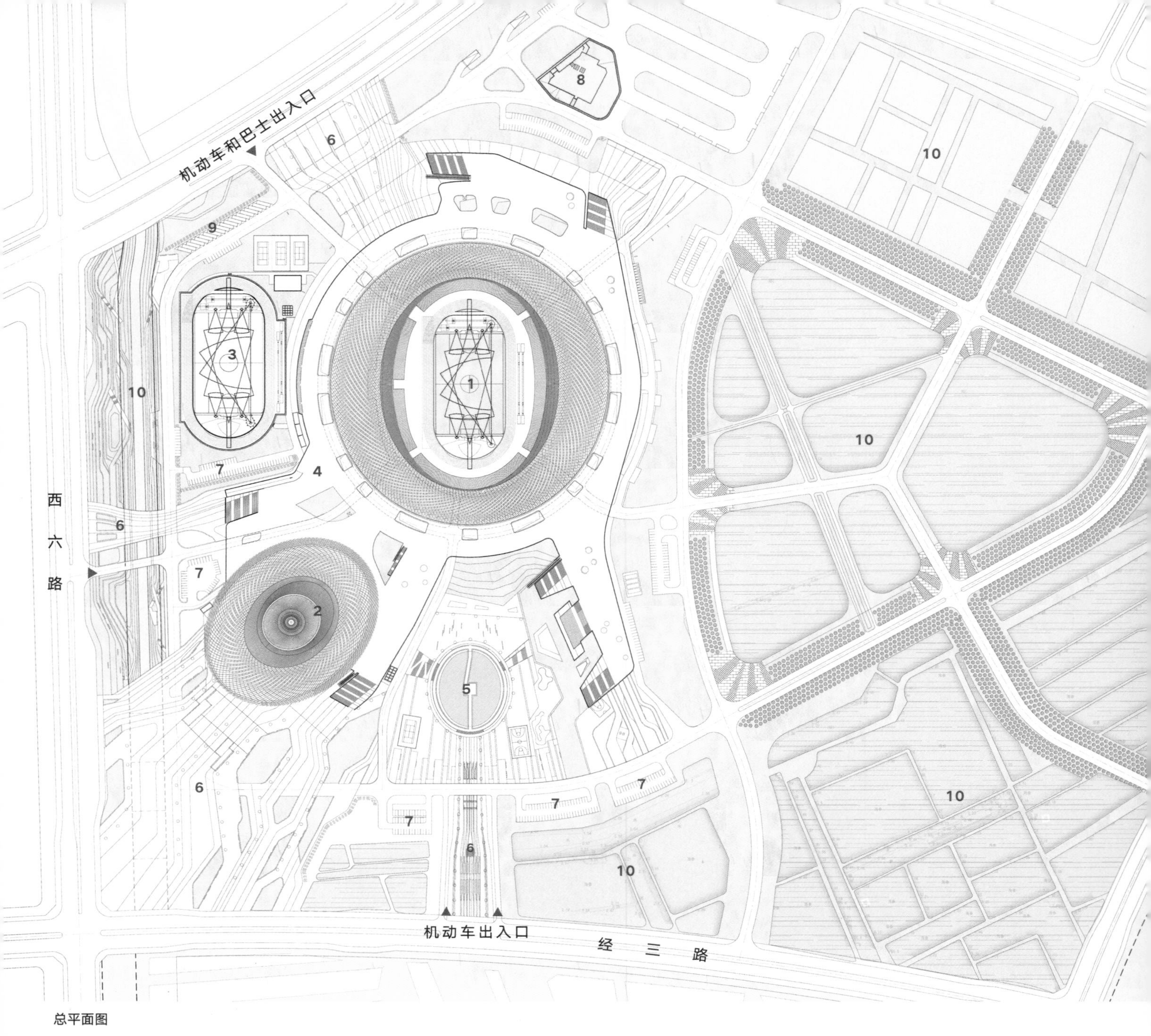

总平面图

紧凑规划
Compact Master Plan

节约用地　紧凑布局

以集约的紧凑布局模式，将体育场、体育馆、观海疏散平台与场地等核心功能相互靠近，呈品字形布局于用地西北区。其中 6 万座体育场居中，田径练习场紧邻西侧，便于运动员训练以及与看台下西北区域运动员用房联系，1.5 万座体育馆居于西南。

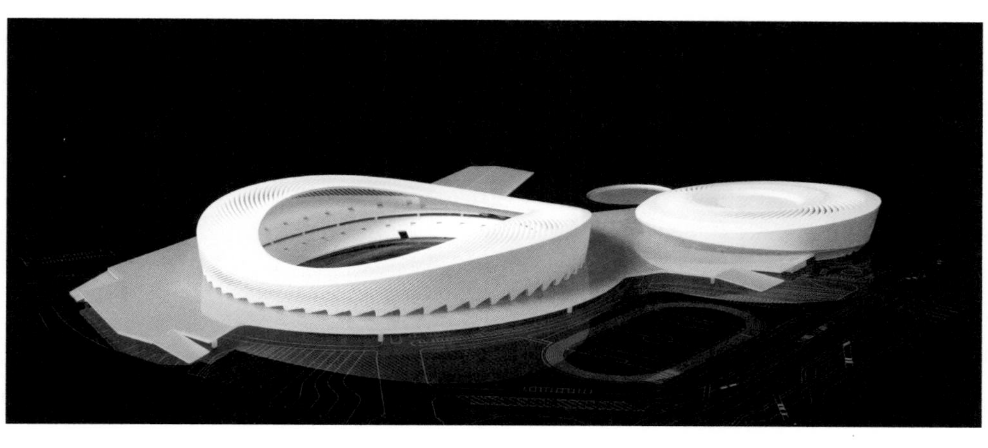

1. 体育场
2. 体育馆
3. 室外田径练习场地
4. 观海疏散平台
5. 圆形蓄水池
6. 步行广场
7. 机动车停车场
8. 能源站
9. 大巴停车场
10. 湿地公园

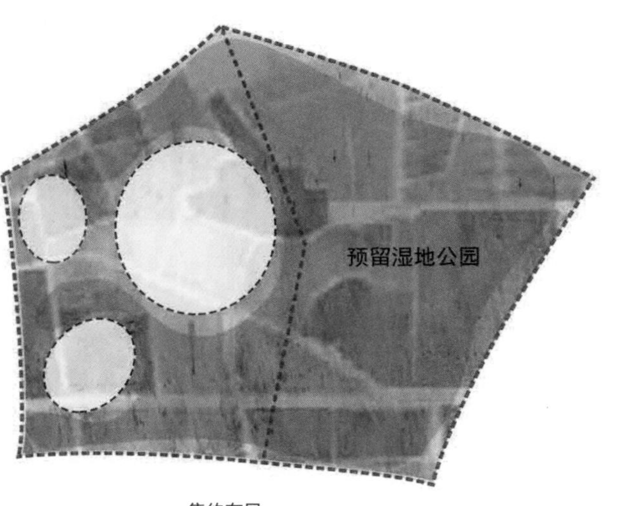

集约布局

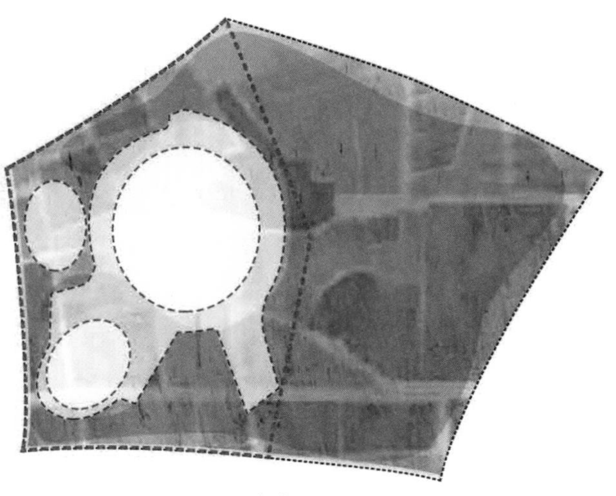

平台联系

体育场、体育馆、观海疏散平台与室外田径练习场地

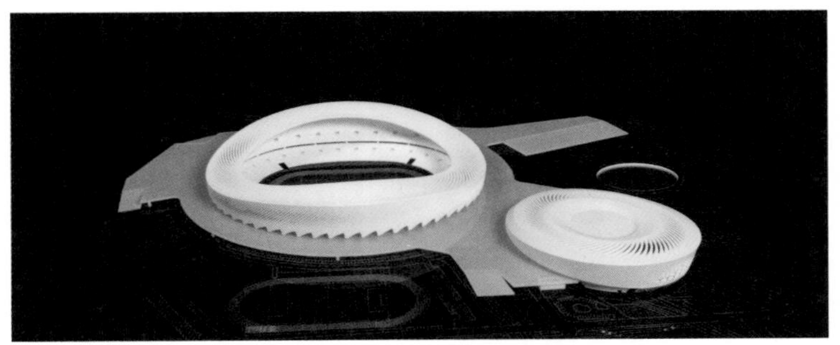

严格控制平台尺度，方便观众步行到达一场一馆各自环厅

内外双环　交通分流

以内、外两条环状道路与广场组织赛时与平时交通：赛事人员各入口均位于赛时安保警戒线内相对独立的内环，就近布置运动员大巴等各种赛事车辆停车区，服务赛事运行，同时兼作消防通道和平时运营车道；外环道路服务赛时观众与平时健身人员，通过均匀分布的机动车出入口与城市道路连接，为比赛场馆留出足够空间，与内环互不干扰；观众于西北、西向、西南通过广场与大台阶到达二层的观海平台后进入场馆，其中西南广场靠近未来轨道交通站点，便于远期运营。

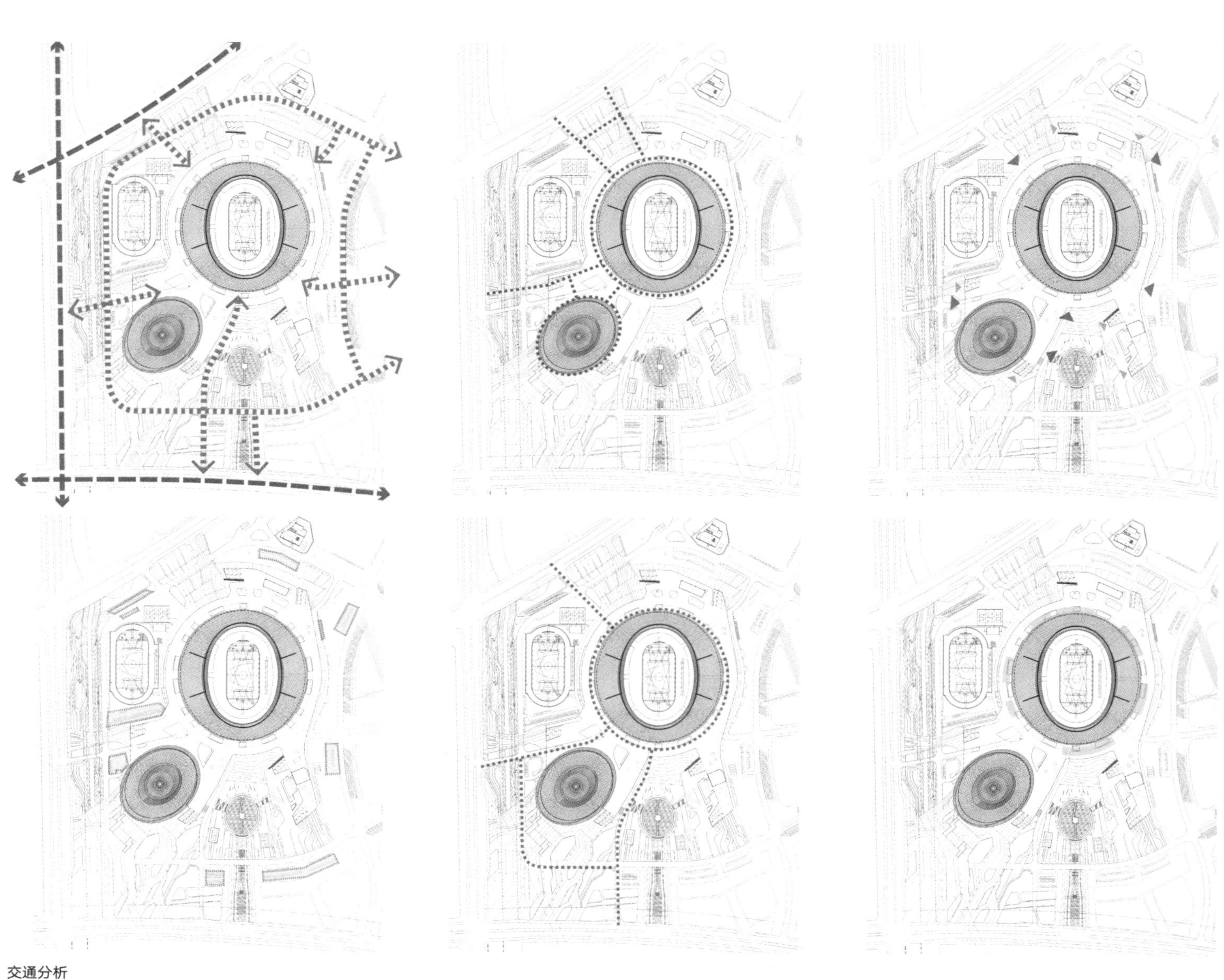

交通分析

城市道路
外环道路
内环道路
观海平台入口
车行入口
地面停车
消防车道
消防车登高操作场地

蓝绿交织 生态共栖

场地其他区域主要为斑块状生态湿地公园，远期可增建场馆，并与不同类型的交通接驳端口相连，形成软硬交织、共生共栖的景观格局。

集约设计

Compact Design

系统策略

体育场、体育馆与观海疏散平台均采取简洁、明晰、系统的空间建构策略。

仿生建构

具有类似经自然选择而成的青岛海洋螺壳生物的圈层式结构，高效而集约。

架空与院落

观海平台上开设洞口，既可作为地面内环车道的消防扑救面，也可为下部的运动员公寓、商业、餐饮等空间提供自然通风和采光，其间的院落组织起地面与平台的上下人流联系。

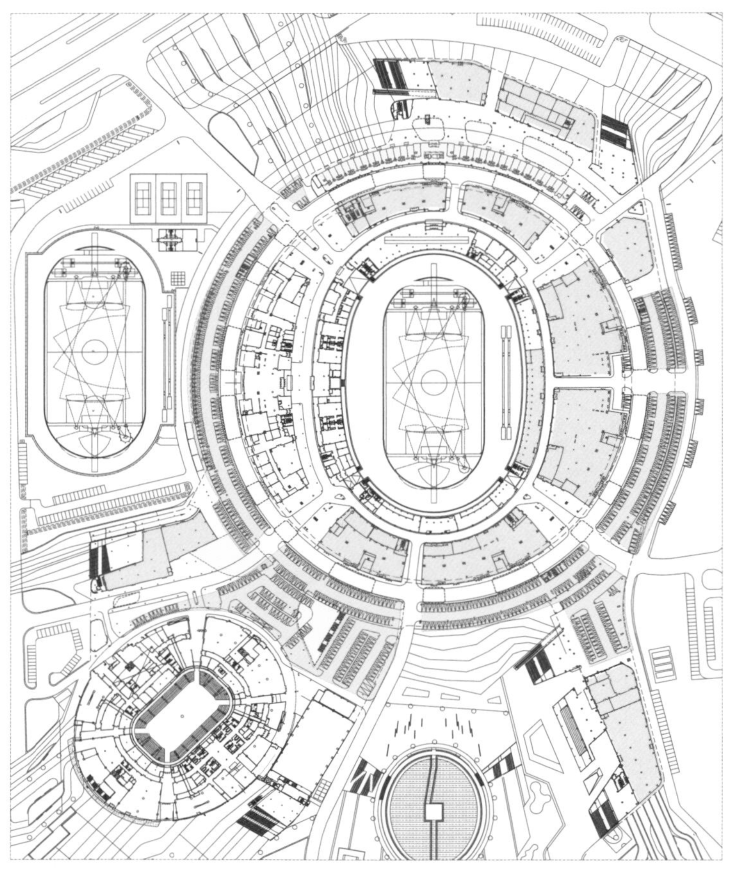

总体一层平面图

体育场

Stadium

概述

体育场为甲级大型体育场，总建筑面积 138027 m²，总建筑高度 49.5m（檐口），总座席数 57139 座。地上四层，包括正南北向的比赛场地、半室外环向大厅、包厢、主席台与观众看台以及基座的赛事、运营及辅助用房等，可举办国际、国内田径与足球赛事以及演艺等多功能活动。

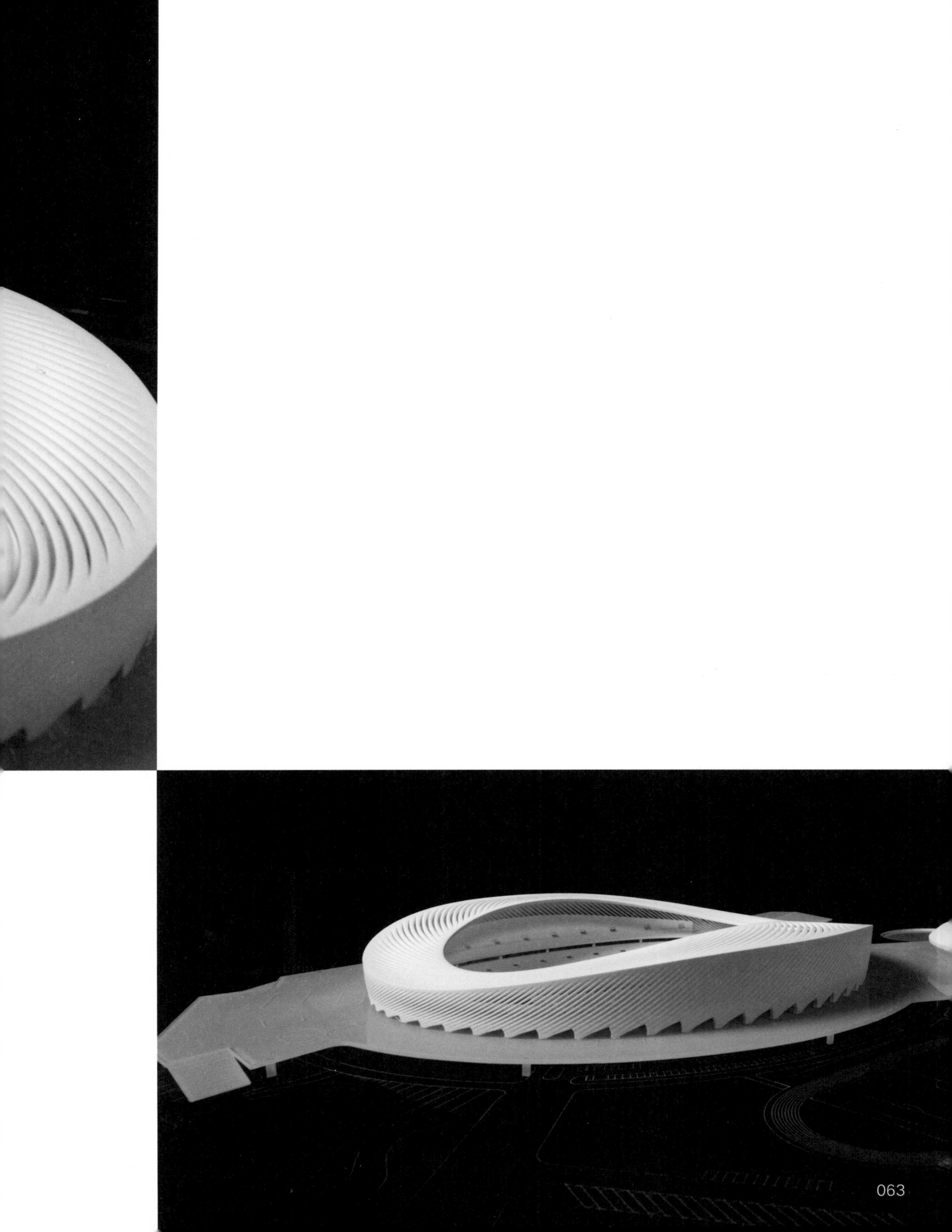

空间同构

体育场基于场芯进行空间建构，由内至外、从下至上依次为比赛场地、基座空间与下层看台、环向大厅与上层看台、罩棚与立面钢结构以及屋面与立面外帷系统。

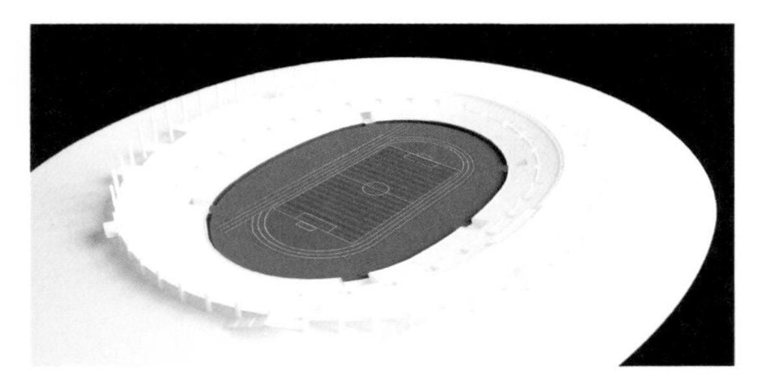

比赛场地

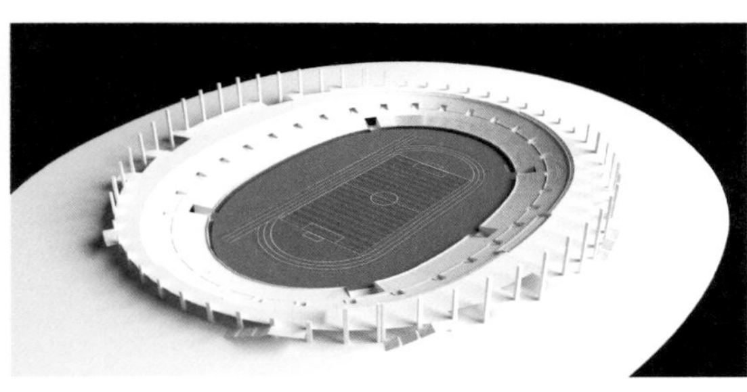

基座空间与下层看台

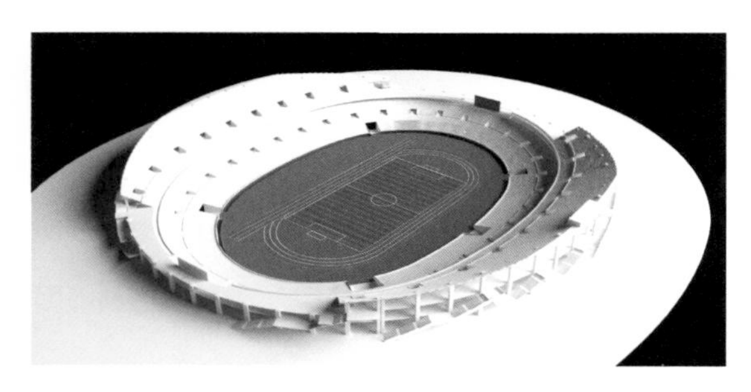

环向大厅与上层看台

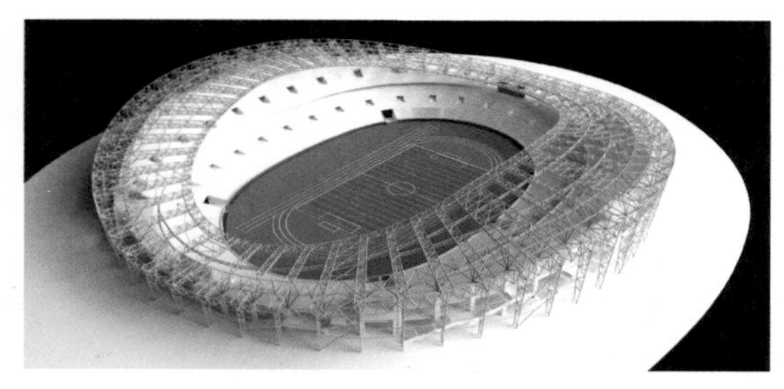

罩棚与立面钢结构

屋面与立面外帷系统

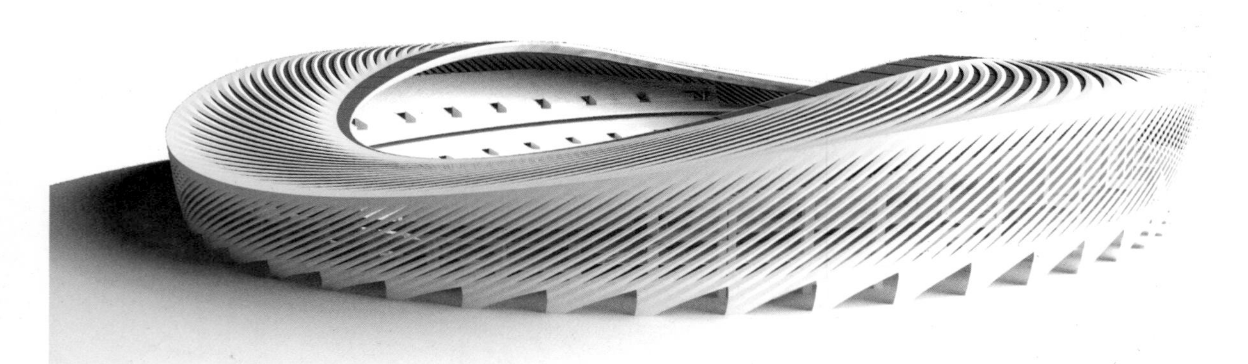

屋面外帷系统——铝单板覆层

屋面外帷系统——铝镁锰直立锁边金属屋面系统

罩棚与立面钢结构

立面外帷系统——铝单板幕墙

场地、基座及看台

集约控制

通过严格控制环向大厅尺度、缩短观众出入场距离，控制比赛场地尺寸、优化看台座席视线设计等措施形成高围合度的比赛内场，实现外部形态与看台同构，从而降低建造成本。

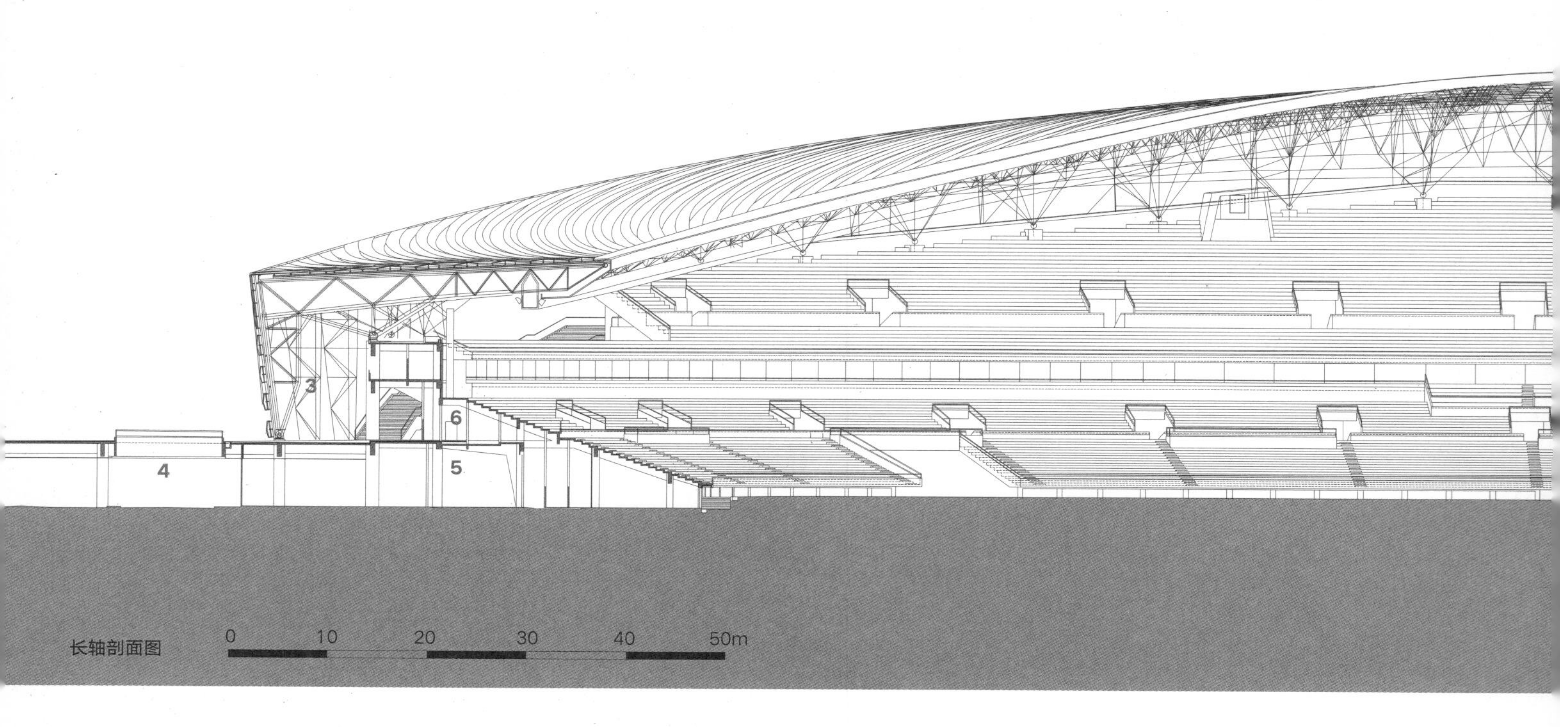

长轴剖面图

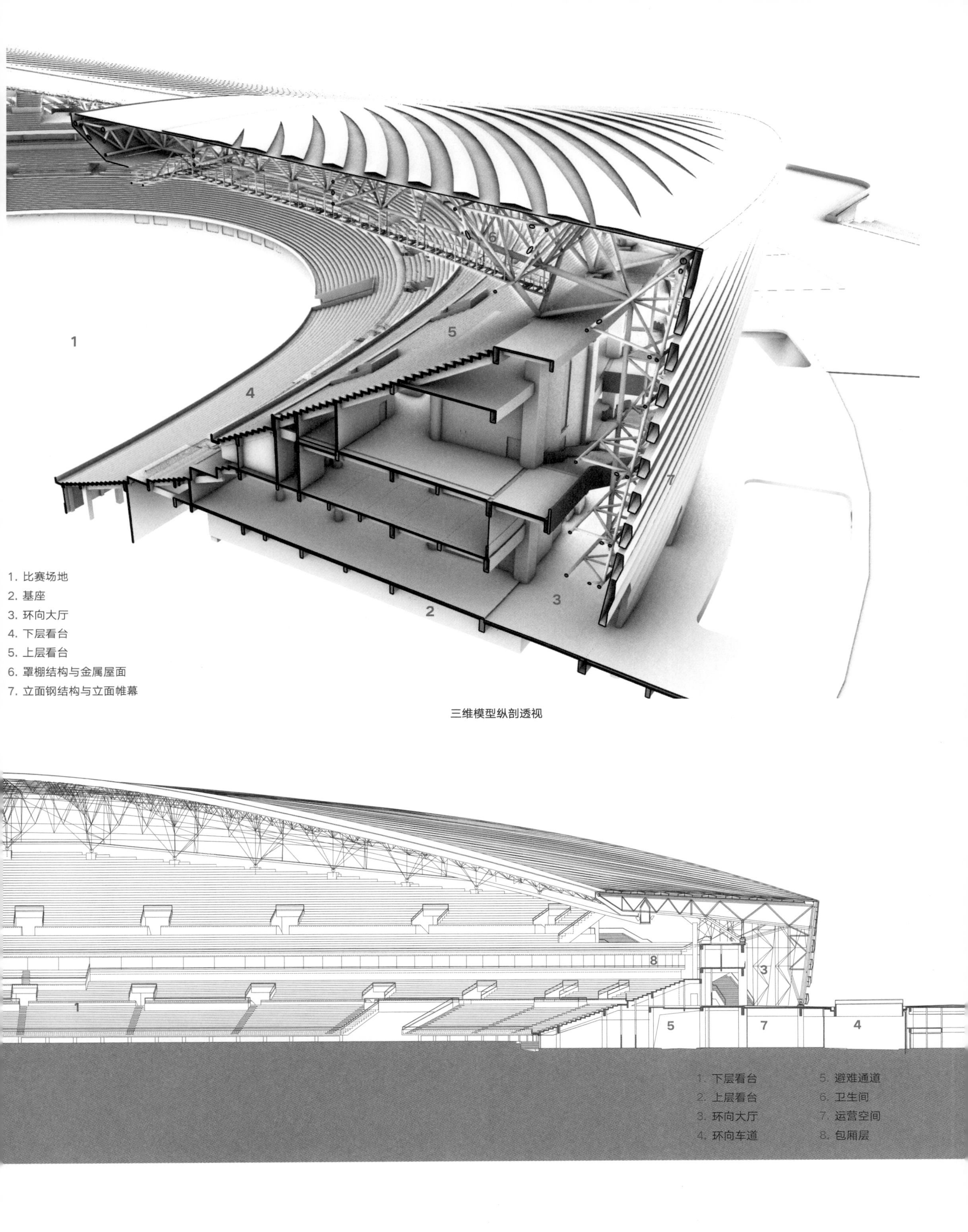
1
2
3
4
5
6
7
1. 比赛场地
2. 基座
3. 环向大厅
4. 下层看台
5. 上层看台
6. 罩棚结构与金属屋面
7. 立面钢结构与立面帷幕
8
1. 下层看台
2. 上层看台
3. 环向大厅
4. 环向车道
5. 避难通道
6. 卫生间
7. 运营空间
8. 包厢层

三维模型纵剖透视

比赛场地

满足国际田联规定的所有径赛项目以及跳高、撑竿跳高、跳远、铅球、铁饼、链球、标枪、三级跳远等田赛项目。400m 综合田径场内含 105m × 68m 国际标准天然草坪足球场，跑道设 8 条环形与包括 100m 和 110m 栏在内的 9 条西直道。东直道外侧设独立的跳远、三级跳远助跑道及沙坑落地区；南、北侧半圆区内分别设置掷标枪与推铅球场地以及链球和铁饼共用的投掷圈，并各自独立设置跳高、撑竿跳高和 3000m 障碍水池场地。此外，可在场地短边搭建活动舞台和电子屏，满足大型文艺汇演的使用需求。草坪周边场地满铺 9mm、13mm 厚灰色与蓝色塑胶，局部区域根据具体比赛项目要求加厚至 20~25mm。

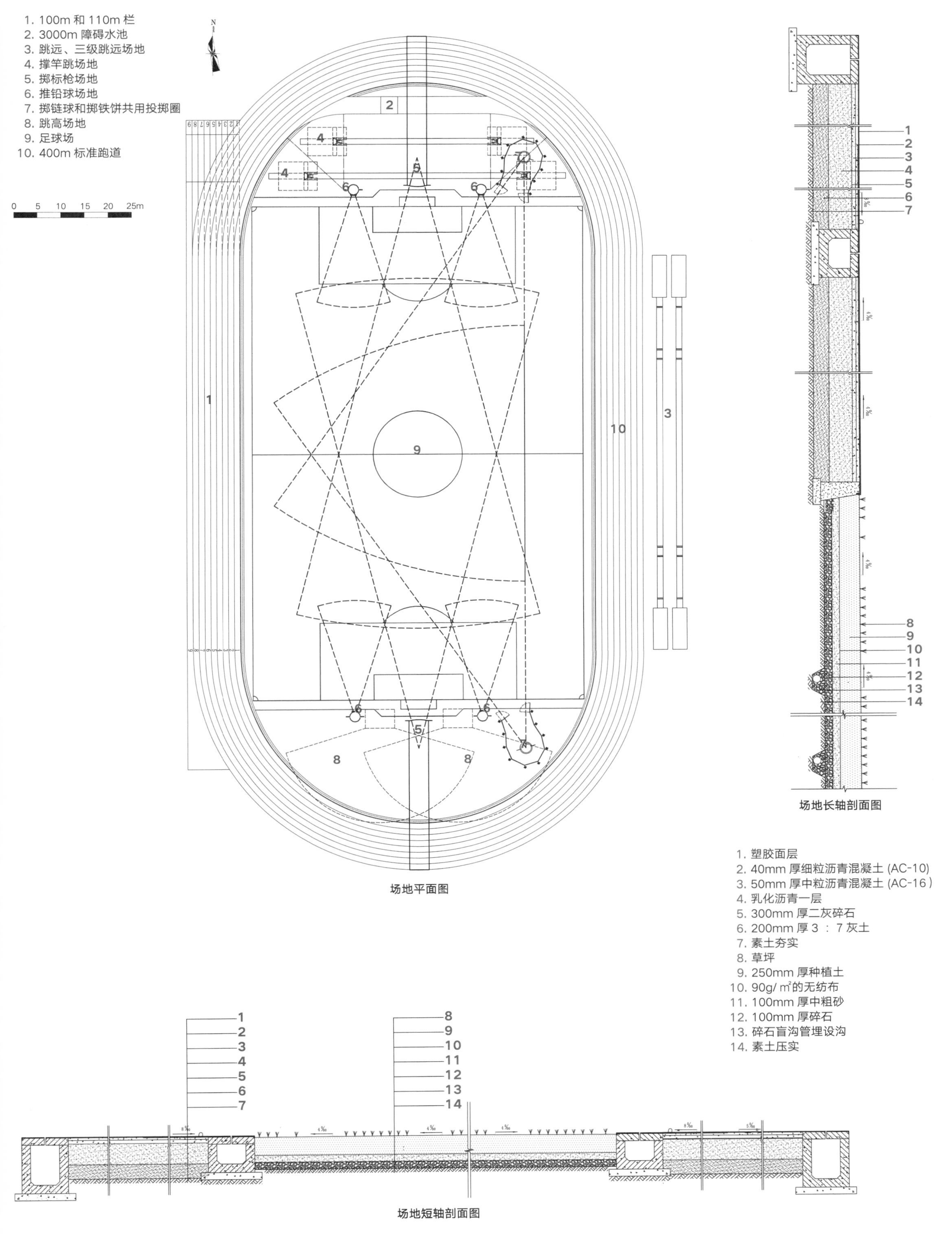

场地平面图

场地长轴剖面图

场地短轴剖面图

风环境

高围合、集约紧凑的外部形态，可以使得海滨的常年高风速在场内有效减小，从而降低风速对比赛成绩的影响。研究以胶州湾北部自动气象观测站统计数据为基础，通过风洞实验等工具对行人高度风环境进行试验、模拟、测试与评估，计算全部测点风速大于 2m/s 的超越概率，风速比基本控制在 0.6 以内，达到国际田联（IAAF）规定的比赛要求。

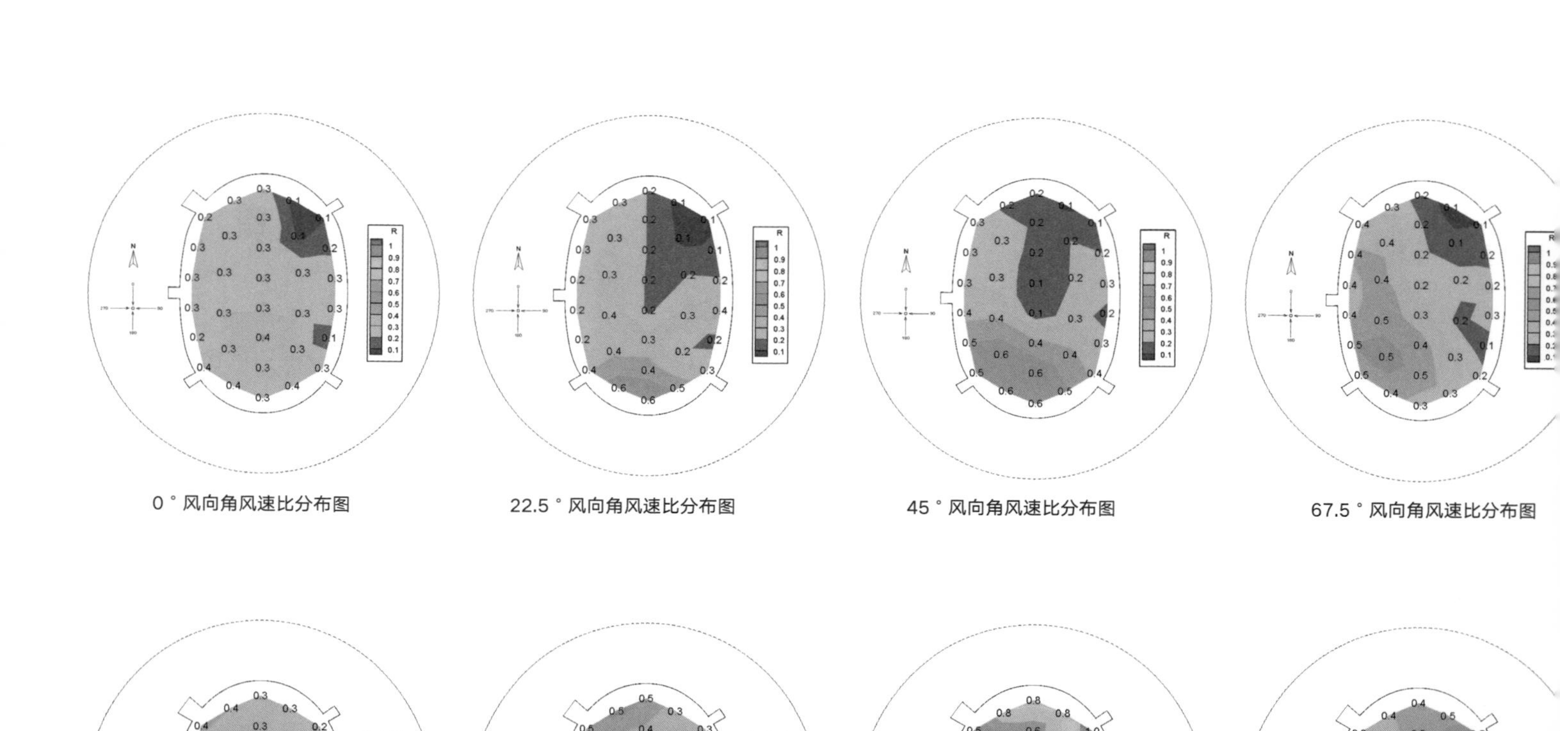

0 ° 风向角风速比分布图

22.5 ° 风向角风速比分布图

45 ° 风向角风速比分布图

67.5 ° 风向角风速比分布图

180 ° 风向角风速比分布图

202.5 ° 风向角风速比分布图

225 ° 风向角风速比分布图

247.5 ° 风向角风速比分布图

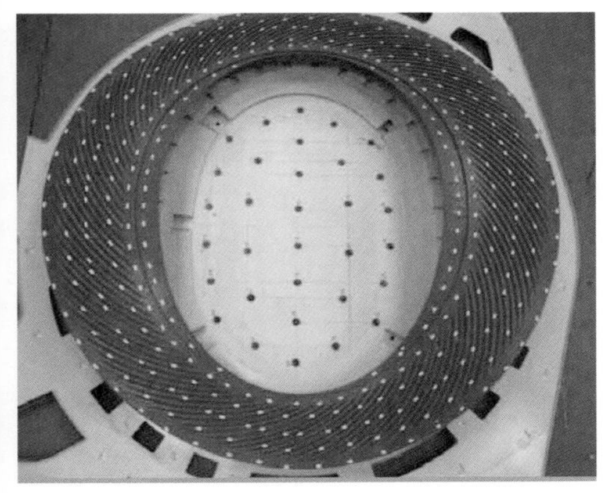

风环境试验下的体育场模型

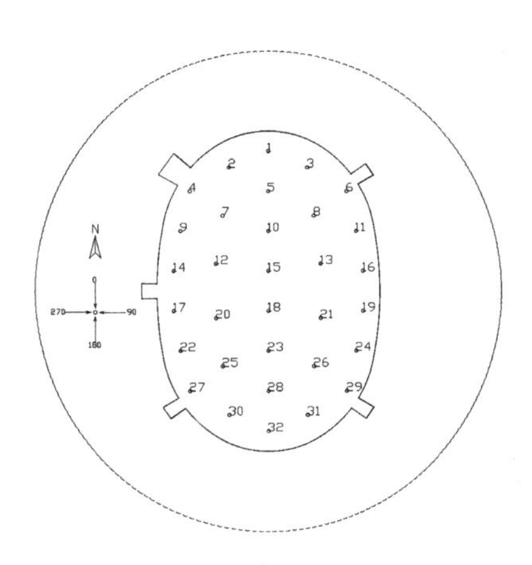

测点布置图

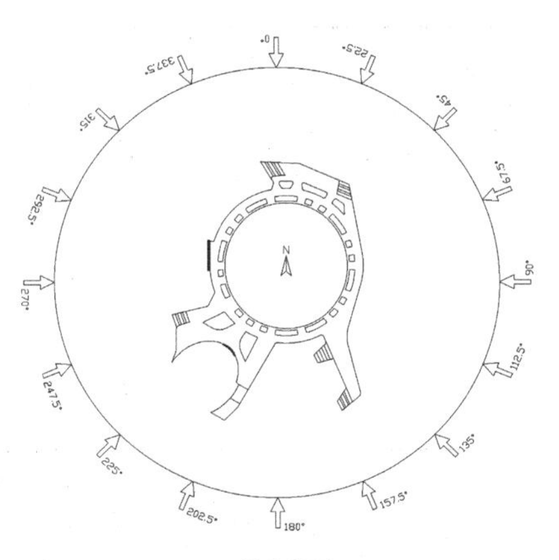

风向角图

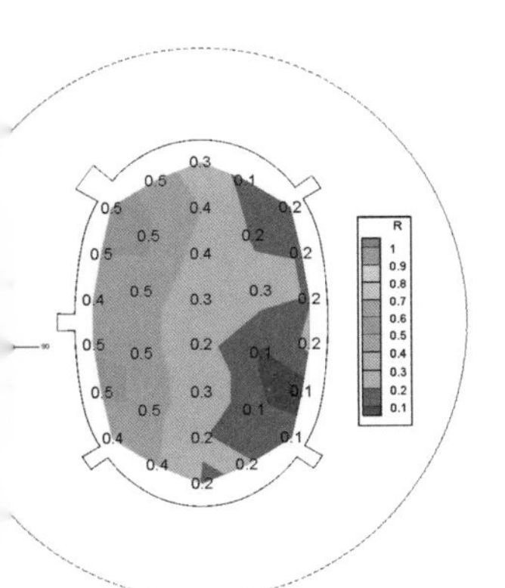

90 ° 风向角风速比分布图

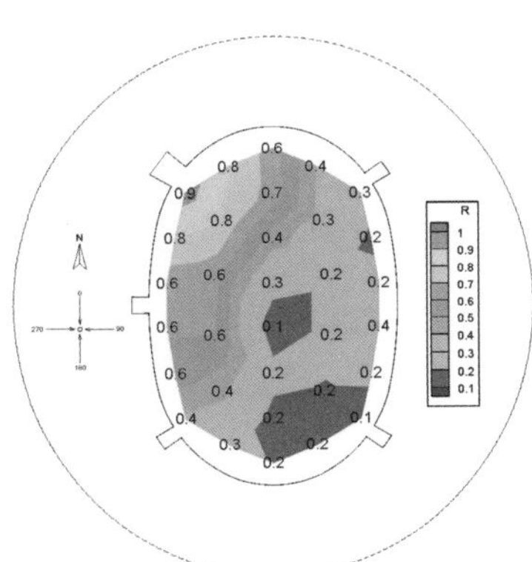

112.5 ° 风向角风速比分布图

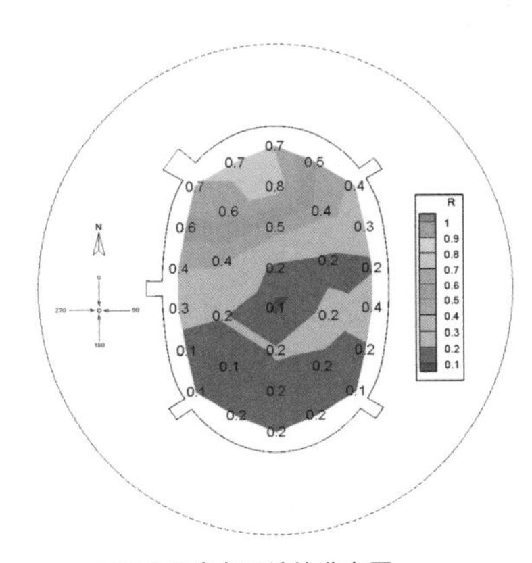

135 ° 风向角风速比分布图

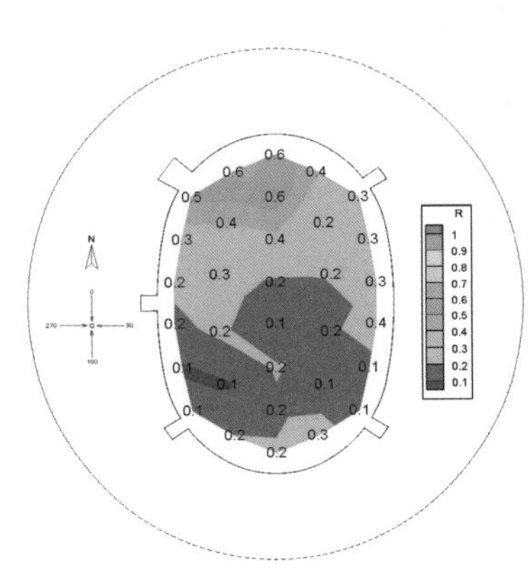

157.5 ° 风向角风速比分布图

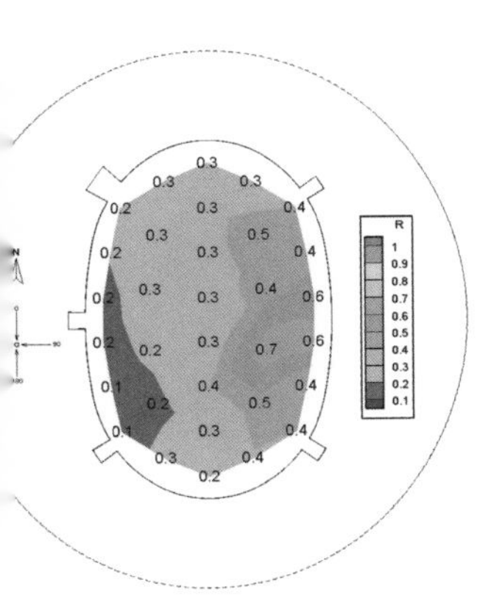

270 ° 风向角风速比分布图

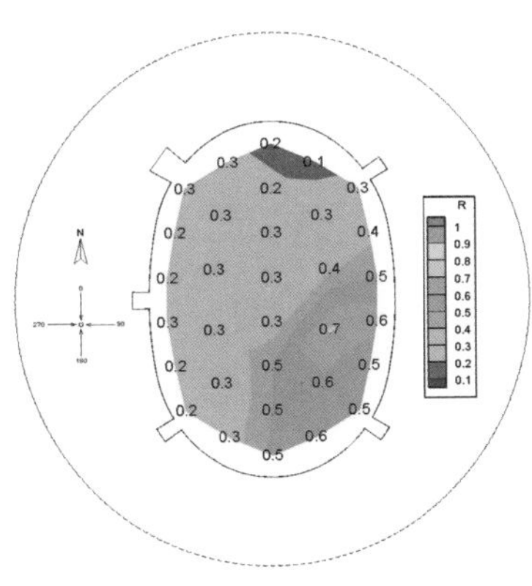

292.5 ° 风向角风速比分布图

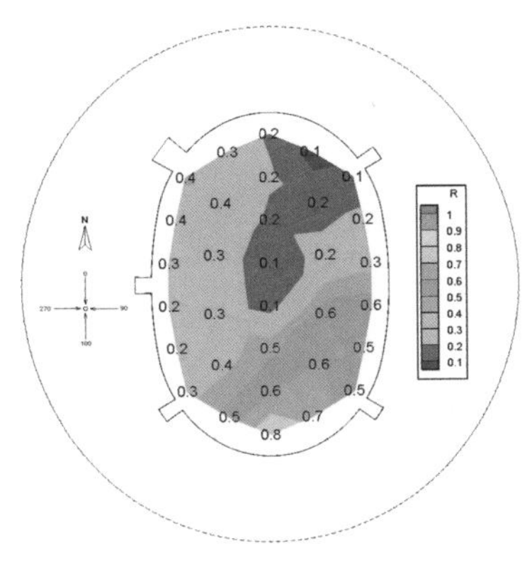

315 ° 风向角风速比分布图

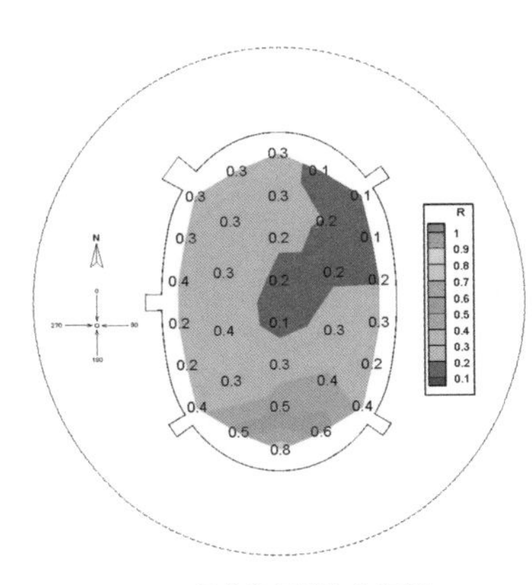

337.5 ° 风向角风速比分布图

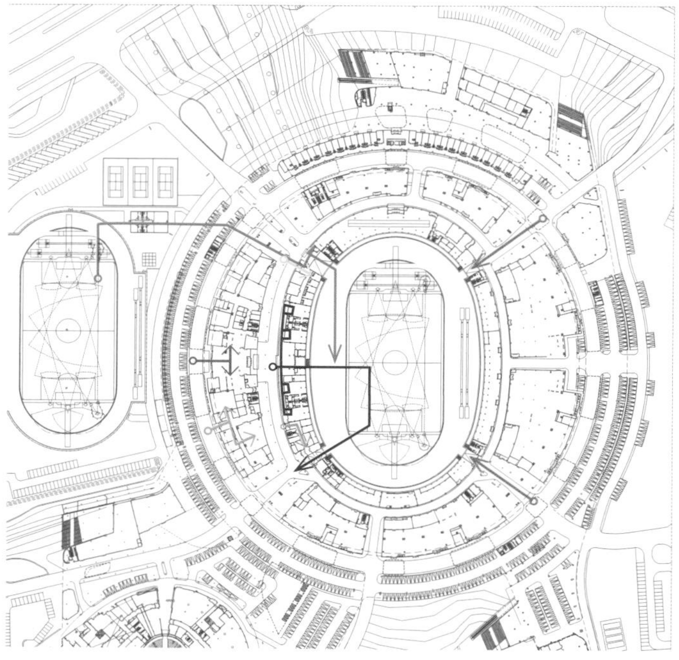

足球运动员流线

团体操流线

贵宾流线

新闻媒体流线

工作人员流线

裁判流线

大型器械流线

一层流线分析

基座空间

主要为一层运营空间、包厢观众与贵宾门厅以及运动员、裁判、新闻媒体、工作人员与团体操演员等使用的赛事用房，由各入口可分别进入包厢、主席台、田径练习场、第二检录处等相关工作用房及大型团体操入口。

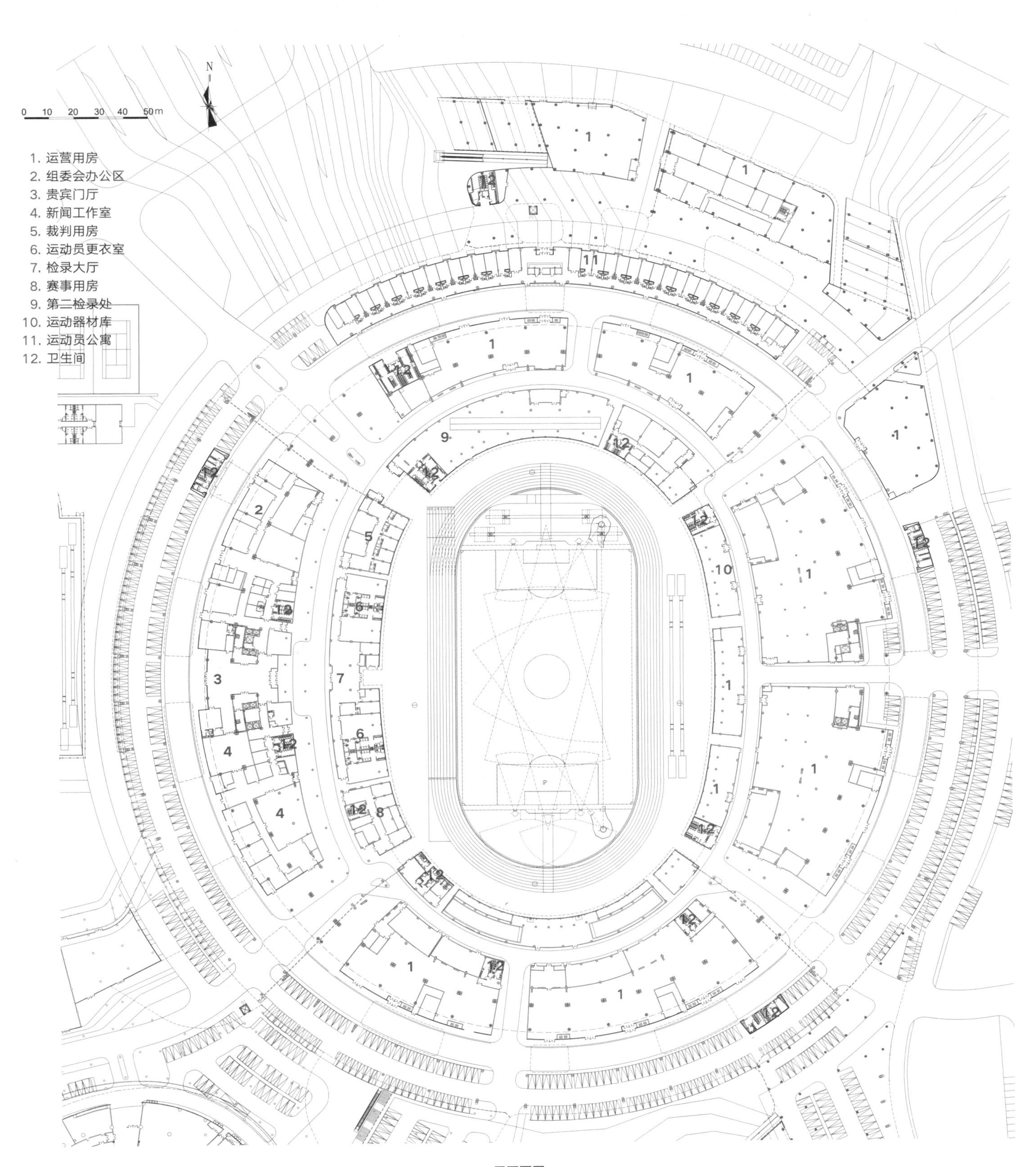

一层平面图

环向大厅

普通观众由二层观海平台上的 54 个“尖券”洞口进入包含休息厅、小卖部与卫生间、观海直梯等在内的环向大厅，经过环厅从通往内场的洞口进入下层看台。

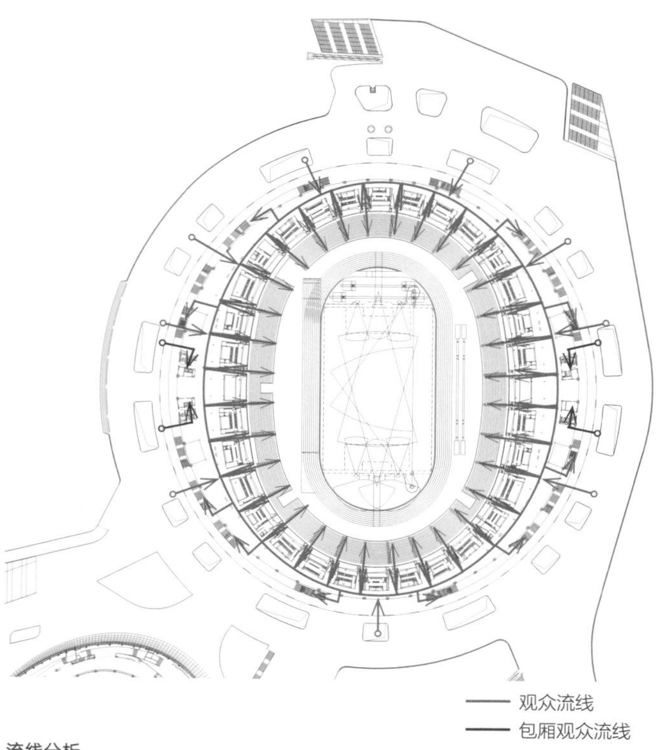

流线分析

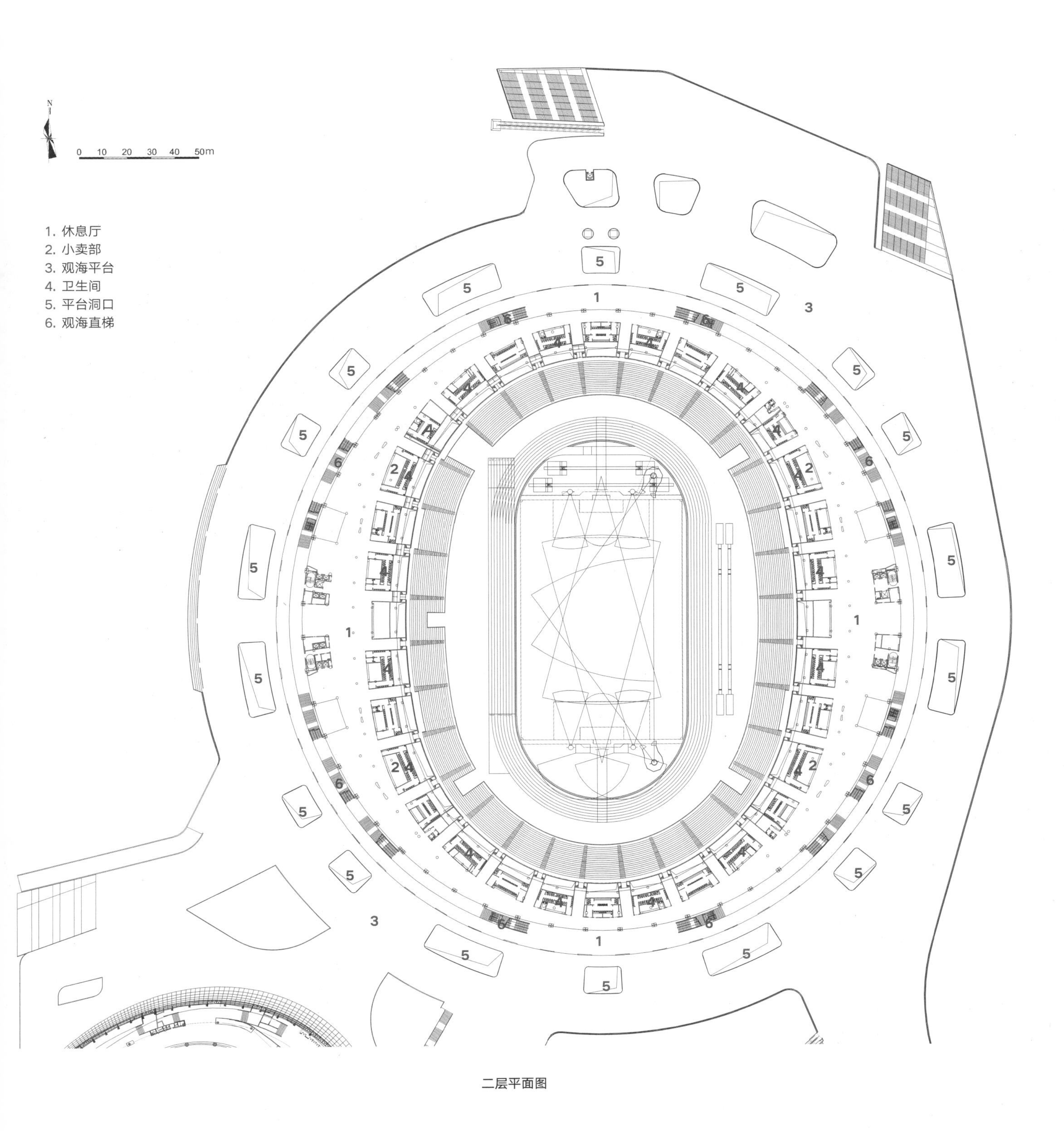

二层平面图

从拱券洞口至看台洞口的距离控制在 31~55m 之间，利于观众便捷地步入内场看台

环向大厅以东、北、西、南四个象限划分出四个观众入口区，以黑、白、灰色为基调分别结合青、红、黄、蓝四色，这四种颜色象征基地周边四个方向的青岛、红岛、黄岛与海洋，在提高观众辨识度的同时塑造出极具现代活力与地域特色的运动场所氛围。

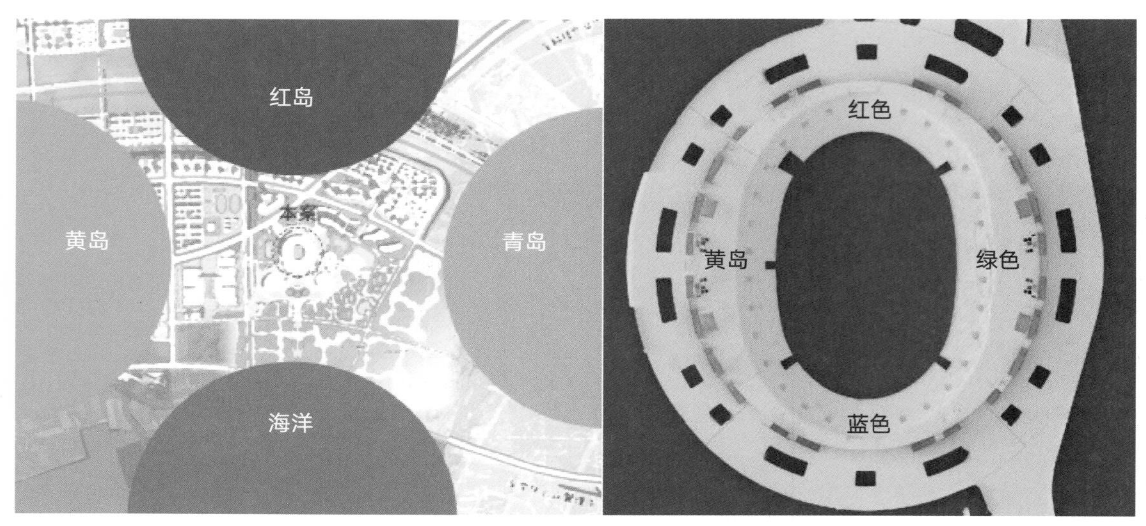

室内色彩

北区
North
3F
VIP 08~10

步梯
电梯
ELEVATOR

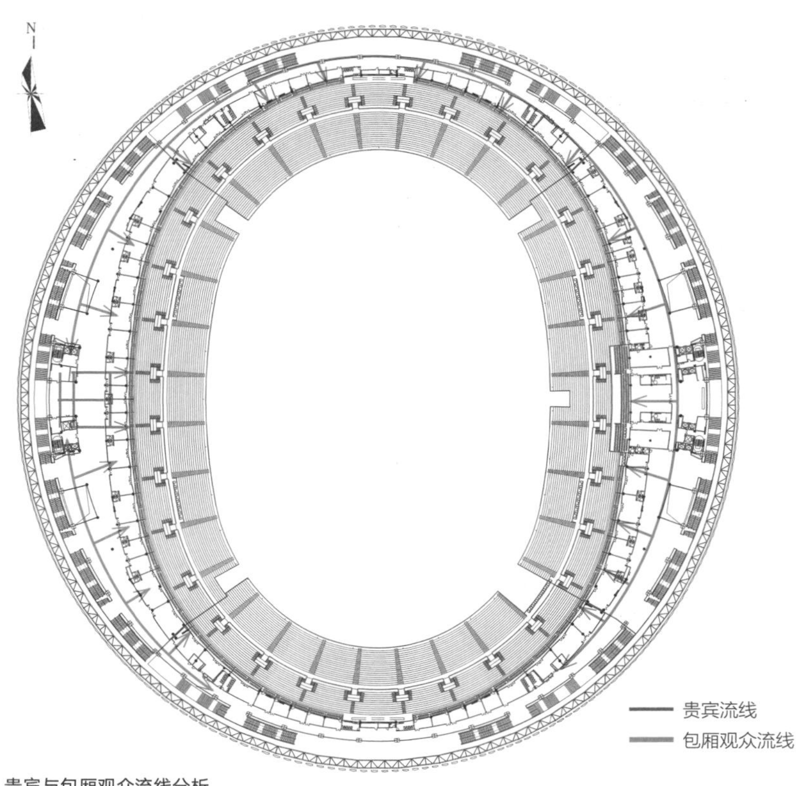

贵宾与包厢观众流线分析

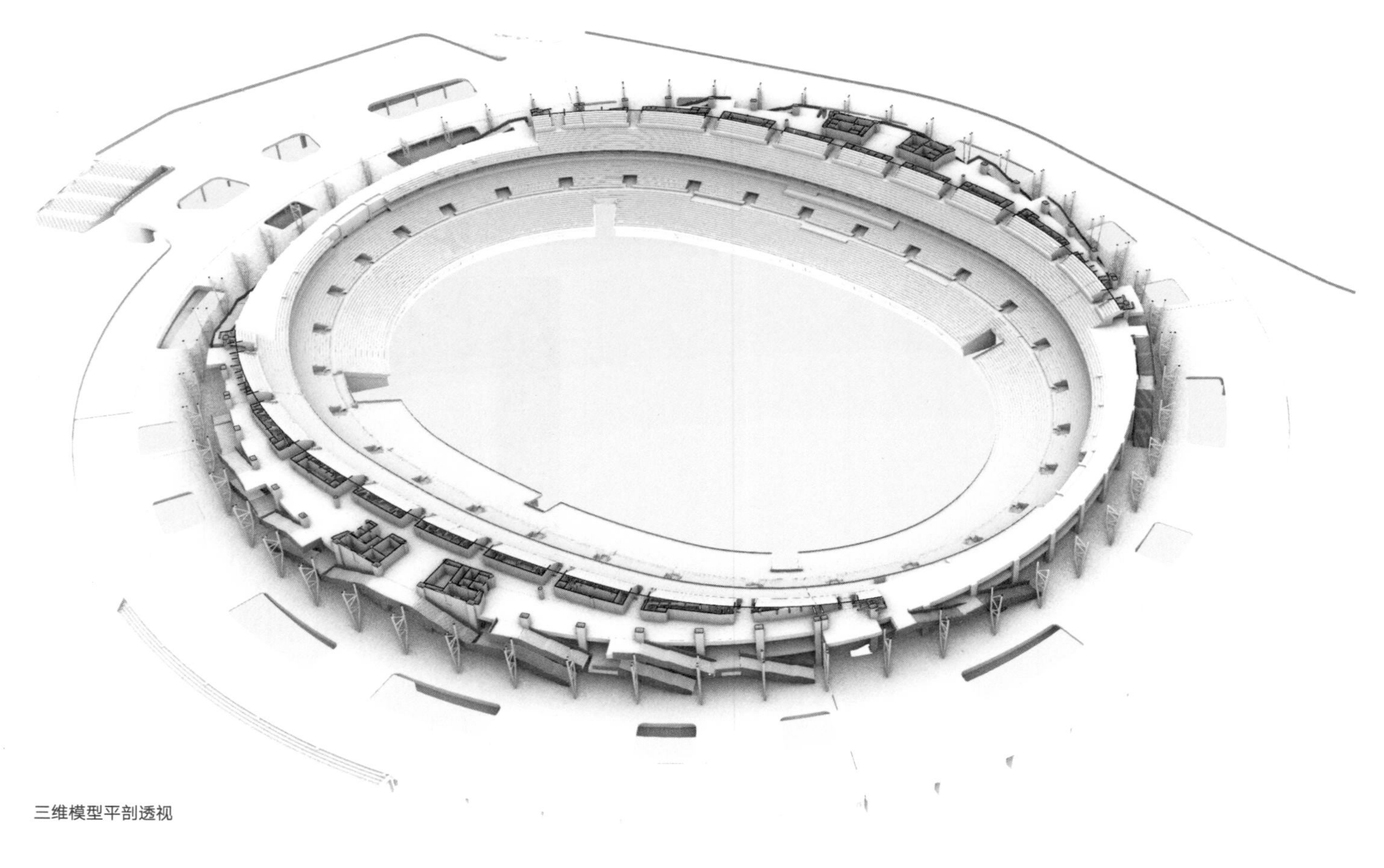

三维模型平剖透视

观海直梯展开立面

观海直梯

16 部楼梯顺应外帷幕墙的斜纹方向均匀布置。观众在婆娑光影中拾级而上，漫步观海的同时进入看台区。

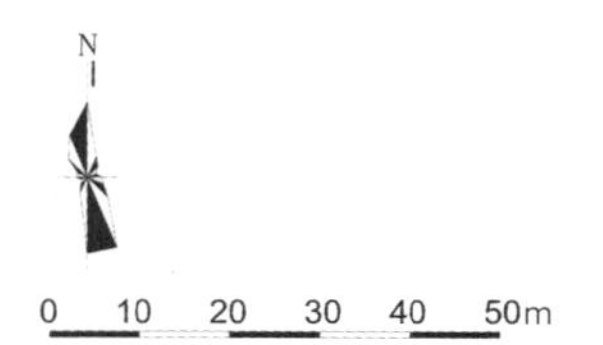

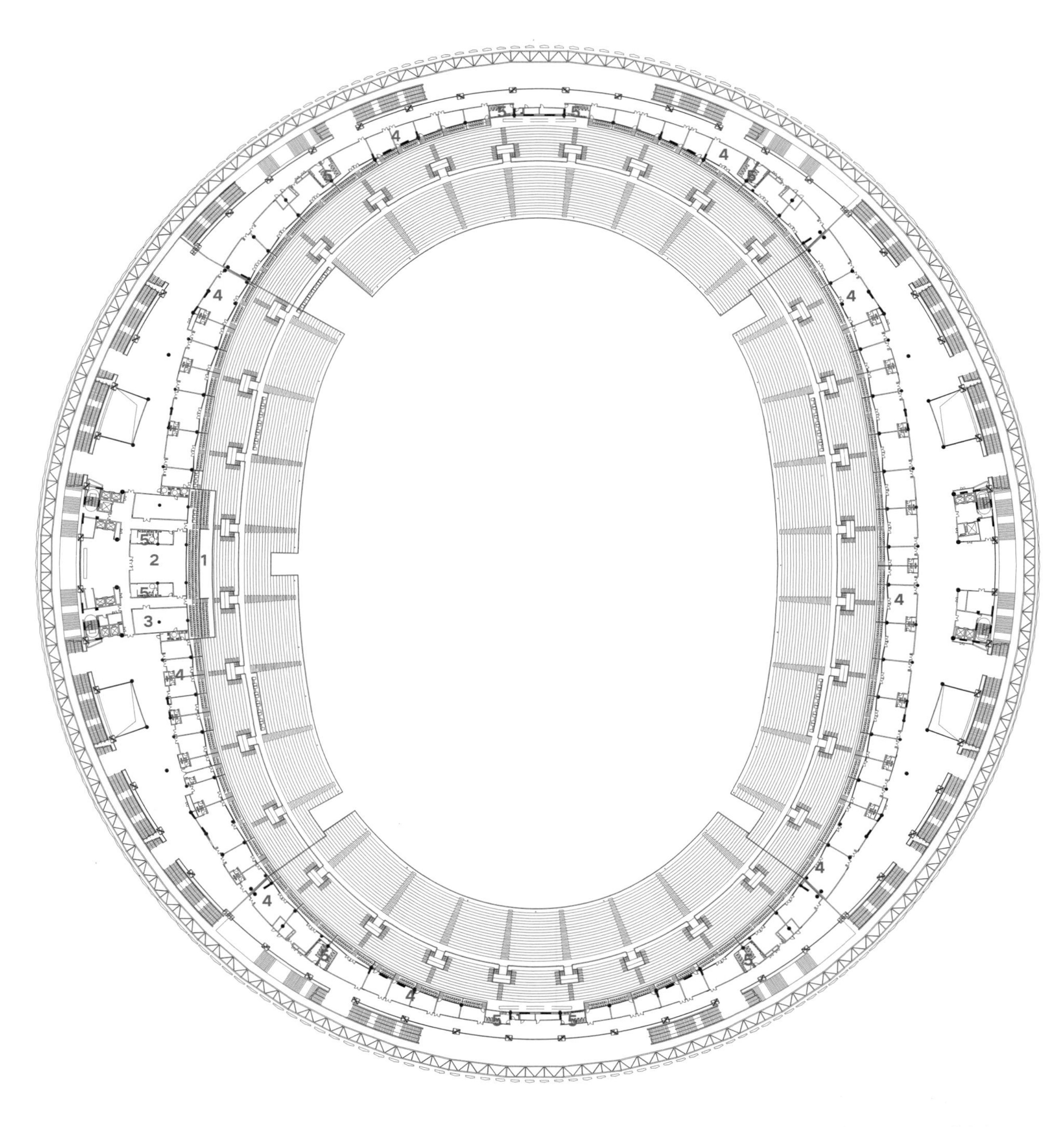

1. 主席台
2. 贵宾接待
3. 贵宾休息
4. 包厢
5. 卫生间

三层平面图

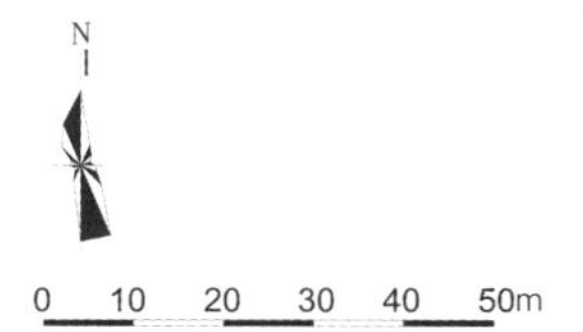

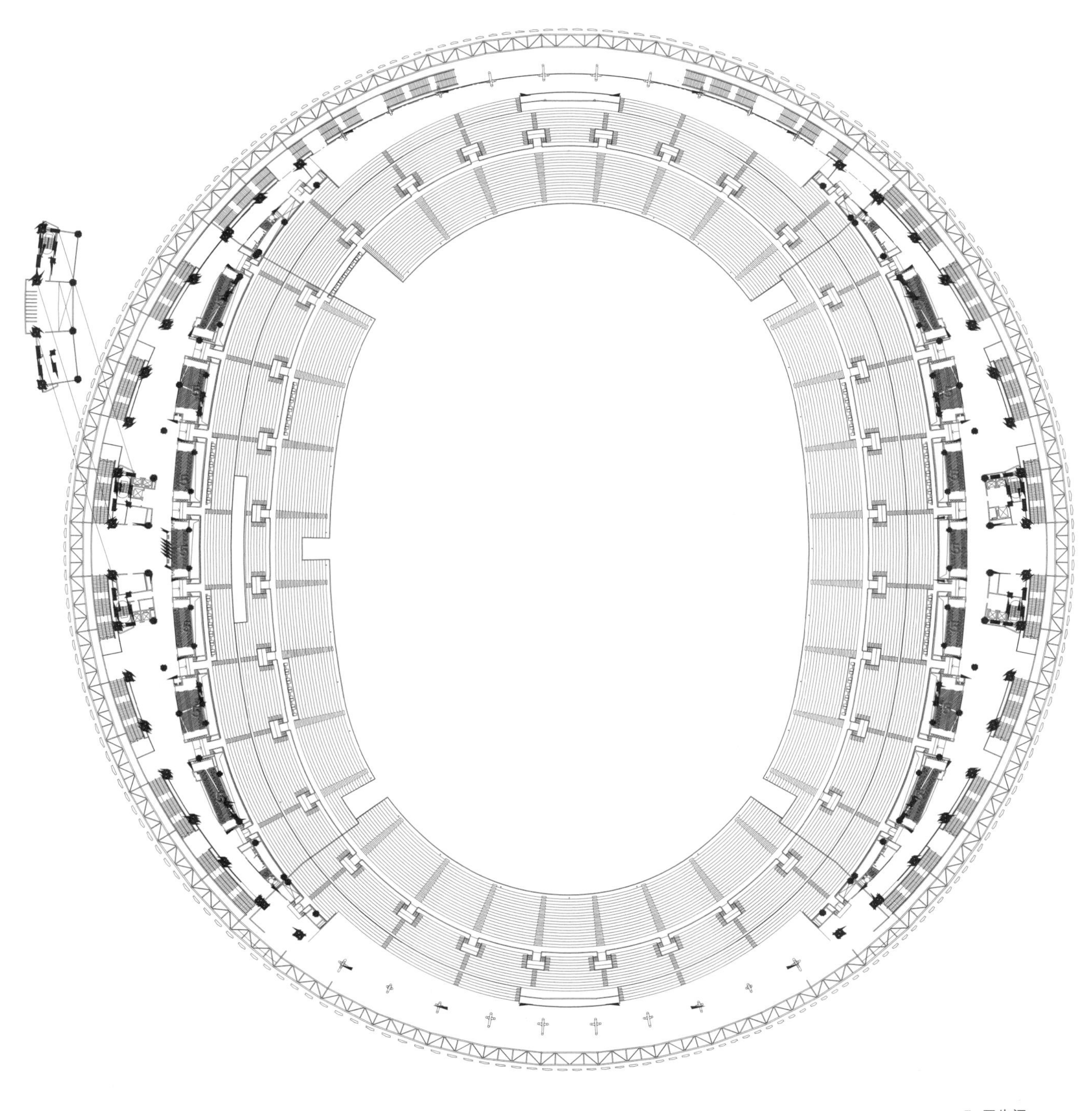

5. 卫生间

四层平面图

高围合看台

看台围绕比赛场地以紧凑的内廓八心椭圆平面分东、西、南、北四向布局，塑造包裹感的内场氛围。下层看台、包厢、主席台以及上层看台区总座席数 57139 席，其中下层看台 30755 席，上层看台 24615 席，包厢 66 间（共 1493 席），主席台区 276 席。下层看台、上层看台、包厢和主席台都设有残疾人座席，合计残疾人席位 123 席。

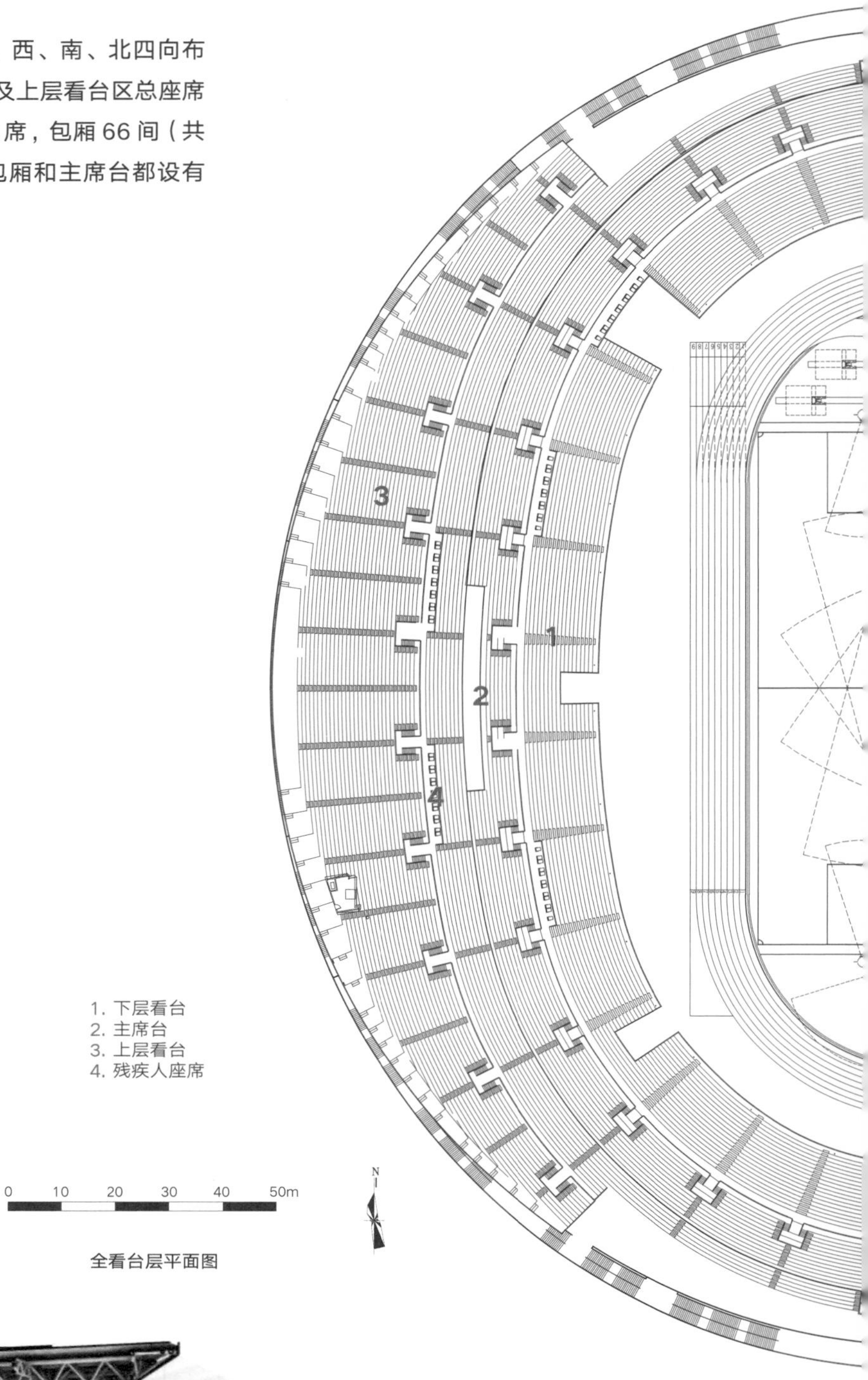

1. 下层看台
2. 主席台
3. 上层看台
4. 残疾人座席

全看台层平面图

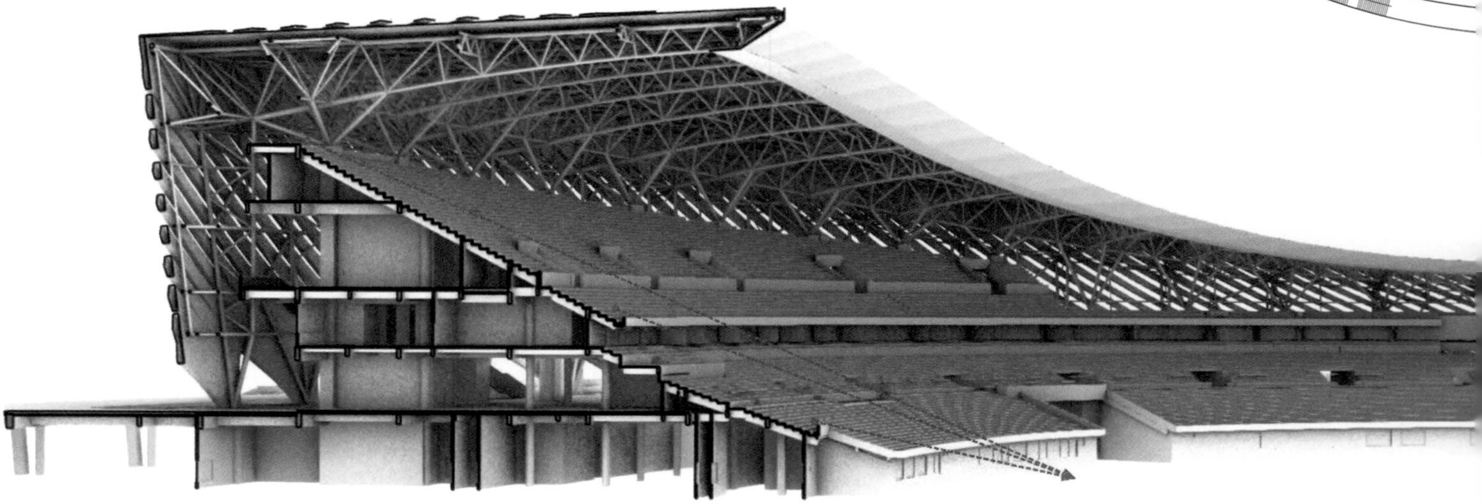

视线分析

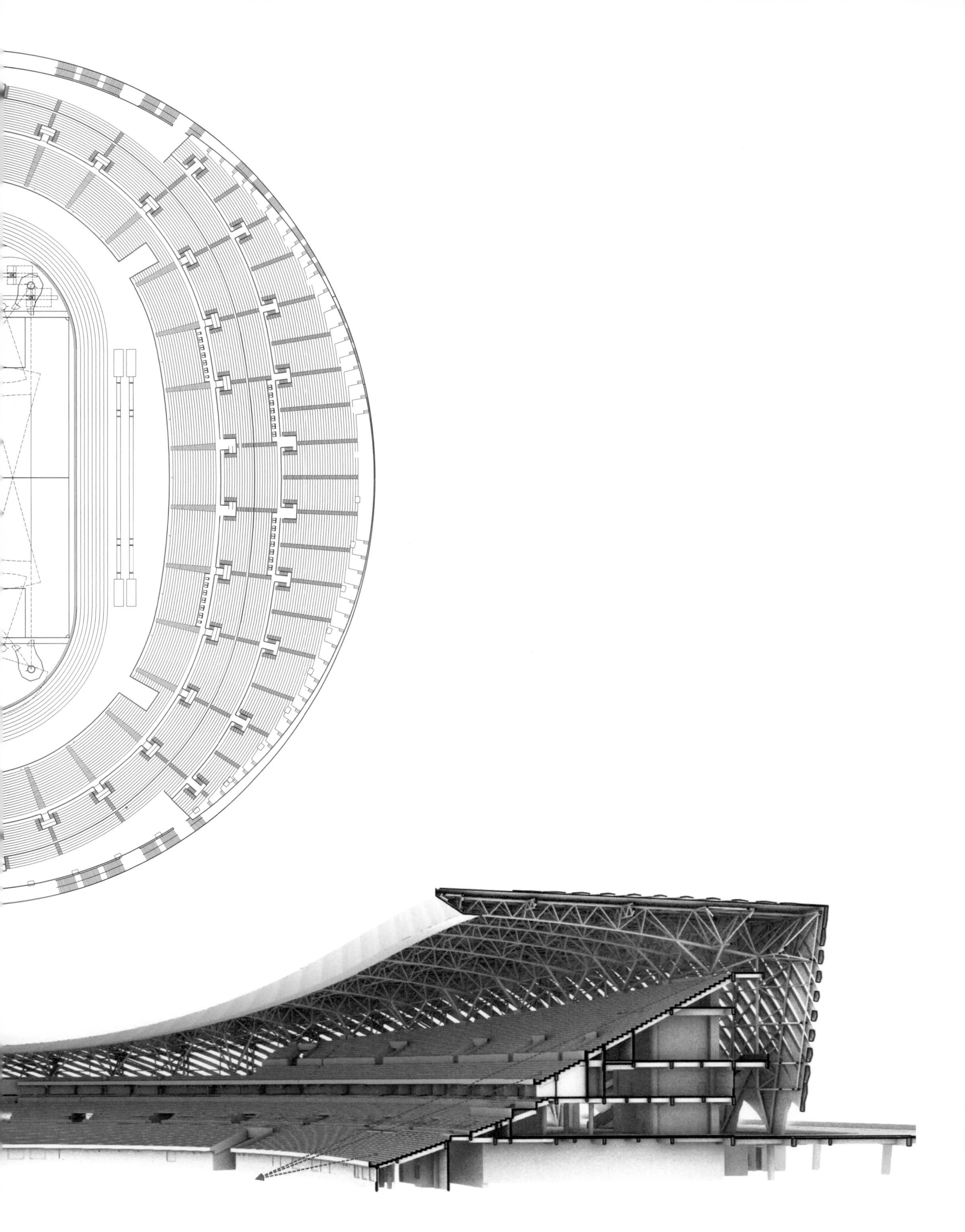

采取田径场视线升高差 C 值不低于 0.06m、足球场视线升高差 C 值不低于 0.12m 以及看台首排在规范要求内尽可能接近地面和跑道边缘等视线设计措施，在满足田径比赛需求的同时兼顾足球比赛观赏的清晰度，较大程度上缓解了大型体育场普遍存在的因综合性场地尺寸过大带来的足球观赛视距过远的问题。

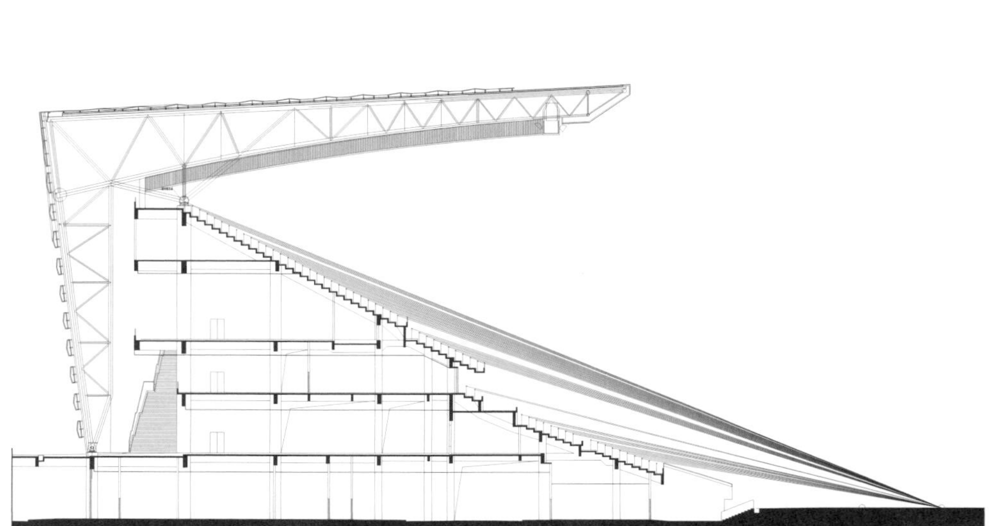

百米终点线设计视点设计

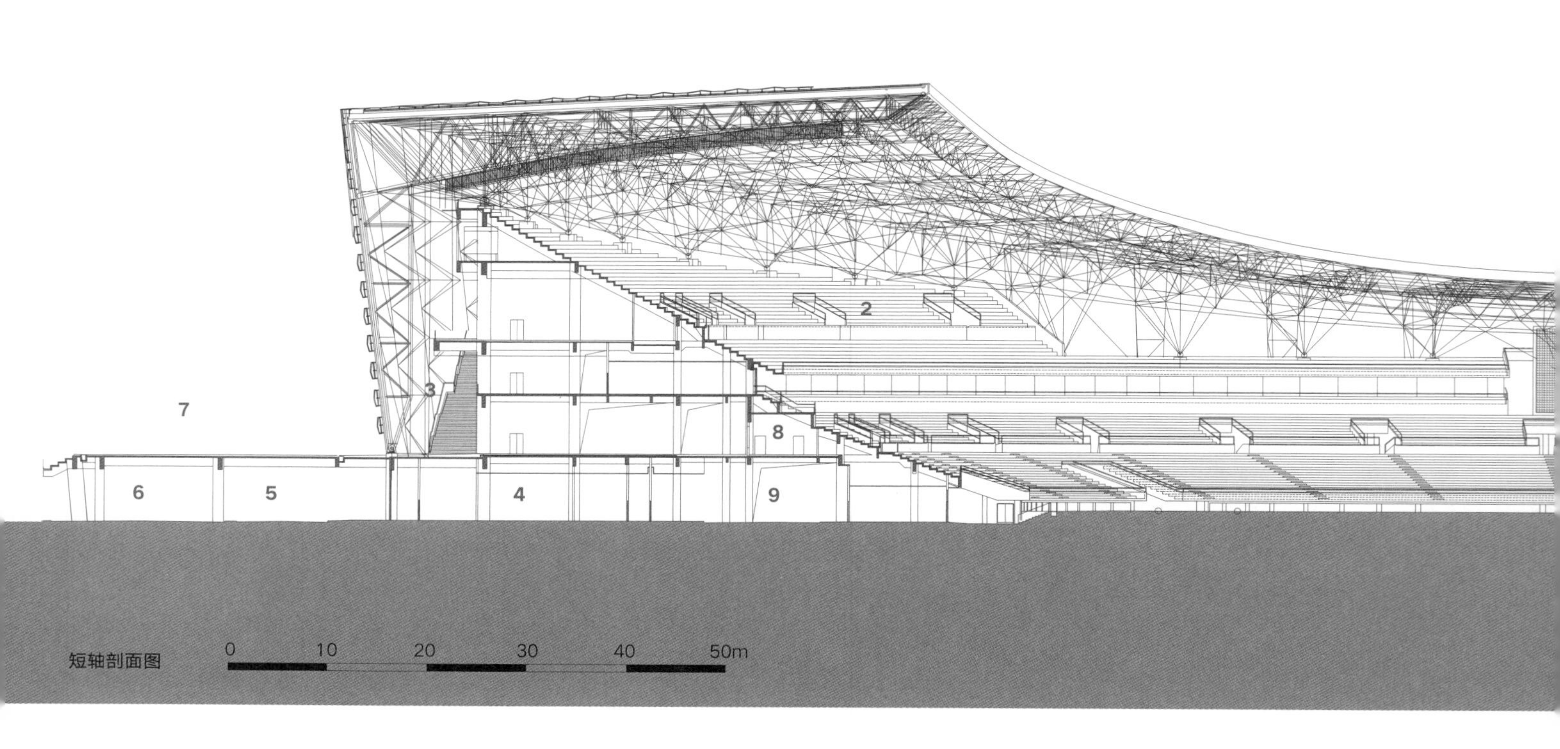

短轴剖面图

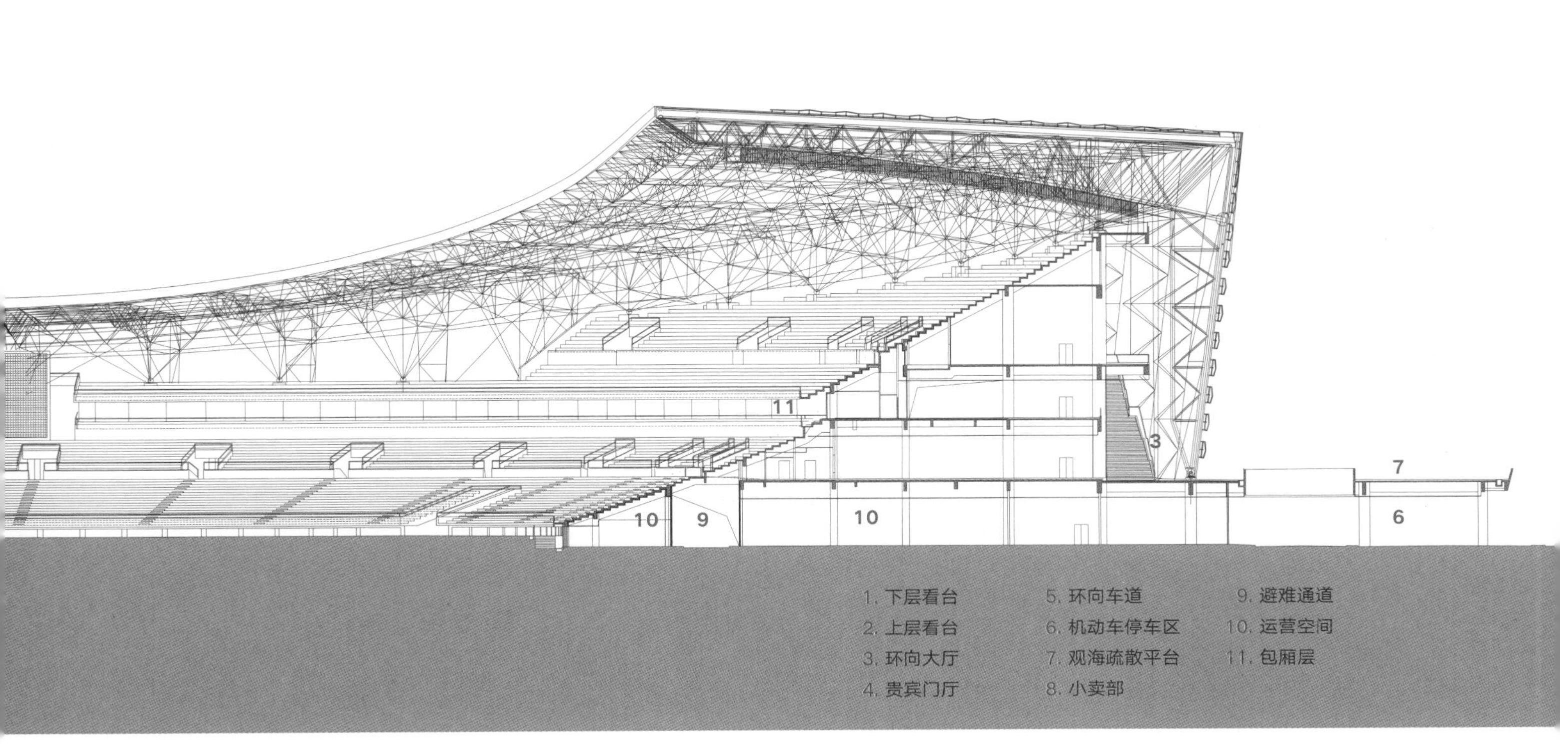

1. 下层看台
2. 上层看台
3. 环向大厅
4. 贵宾门厅
5. 环向车道
6. 机动车停车区
7. 观海疏散平台
8. 小卖部
9. 避难通道
10. 运营空间
11. 包厢层

下层看台区座席颜色以象征沙滩的黄色为主，逐渐过渡至上层看台区的海洋蓝色，既提高了观众的方位辨识度，又彰显着青岛地域海洋文化的活力气质。

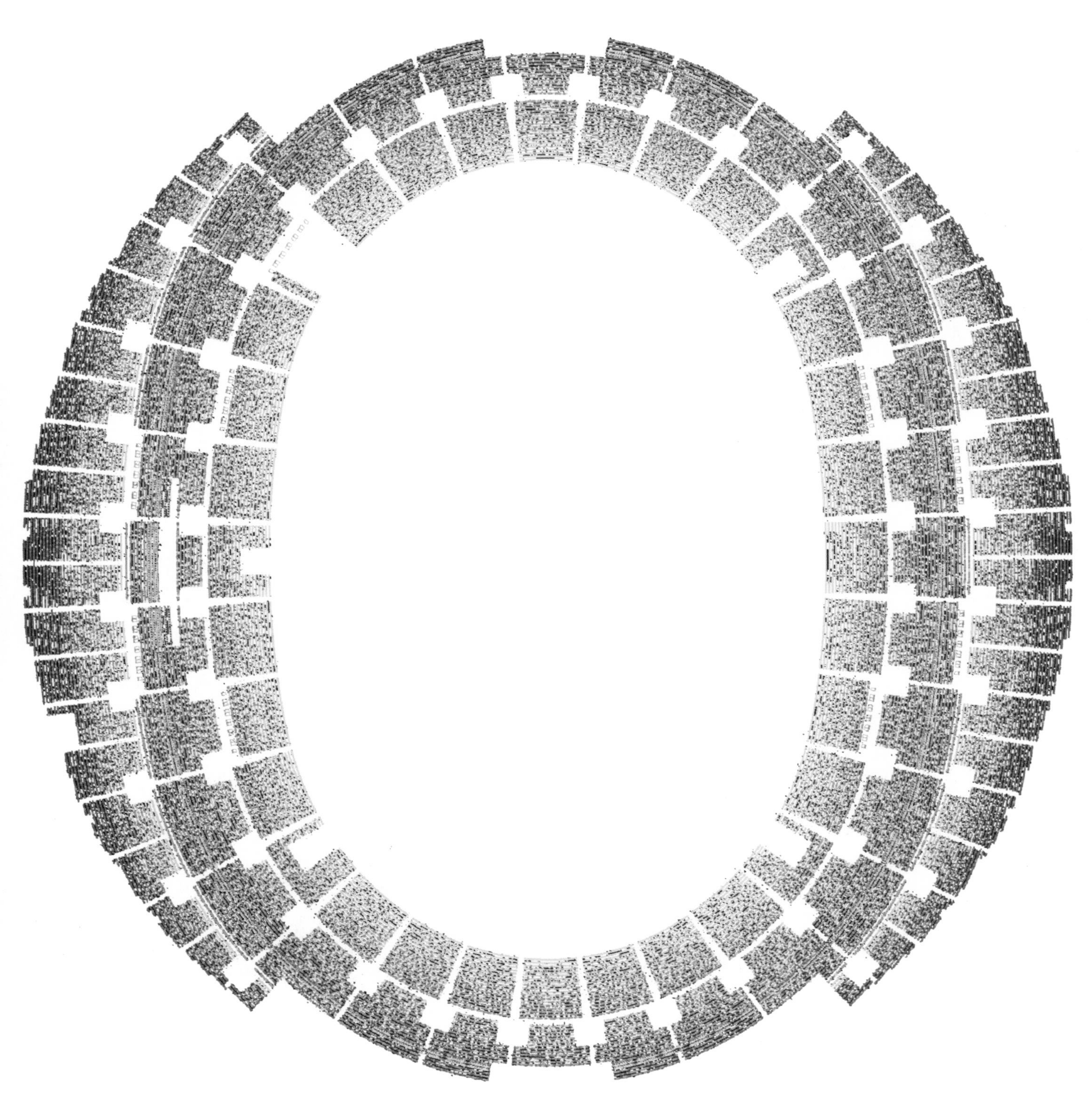

座席色彩配置图

马鞍形态

内、外檐口遵循空间逻辑，顺应四向看台逐渐升起，呈简约、流畅的马鞍形态。

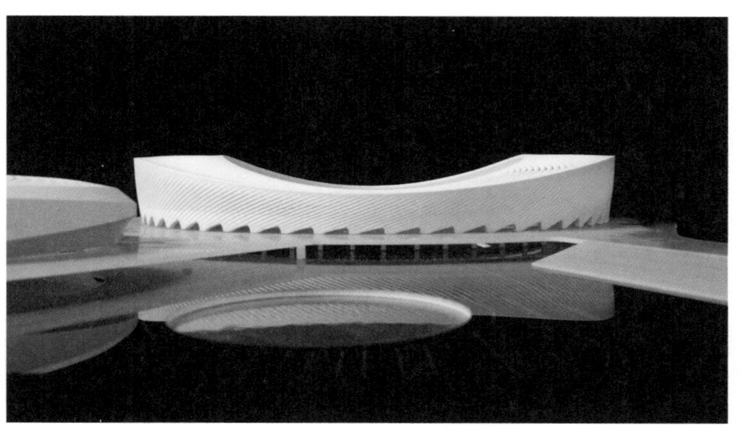

桁架结构

结合建筑屋面、立面表皮一体化设计，结构采用屋盖桁架和立面桁架连续性设计策略。屋盖主桁架采用倒三角的立体桁架，结合若干道联系桁架。立面桁架采用平面桁架，在外檐处进行过渡，和屋盖主桁架相连。

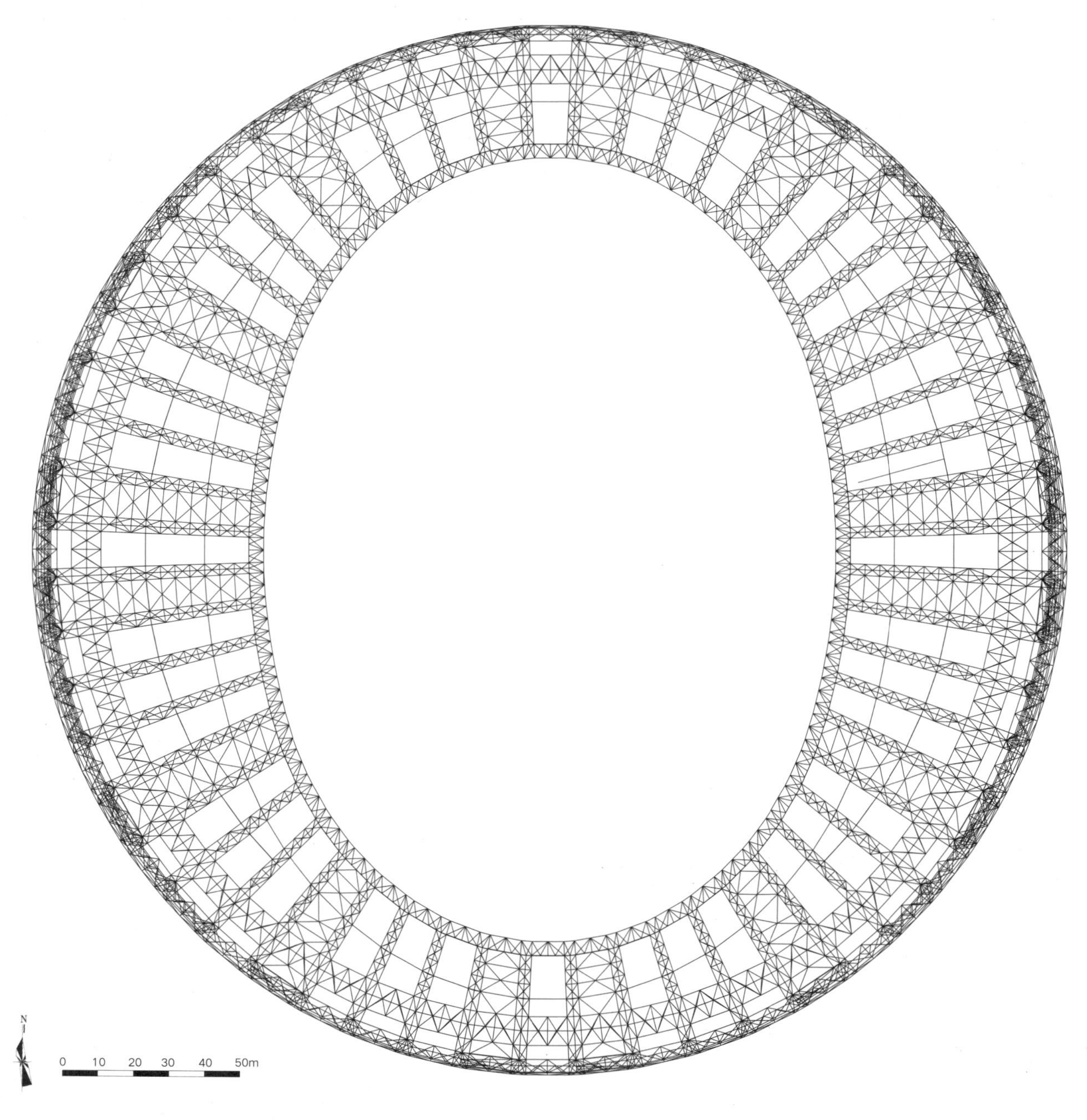

钢屋盖主桁架投形图

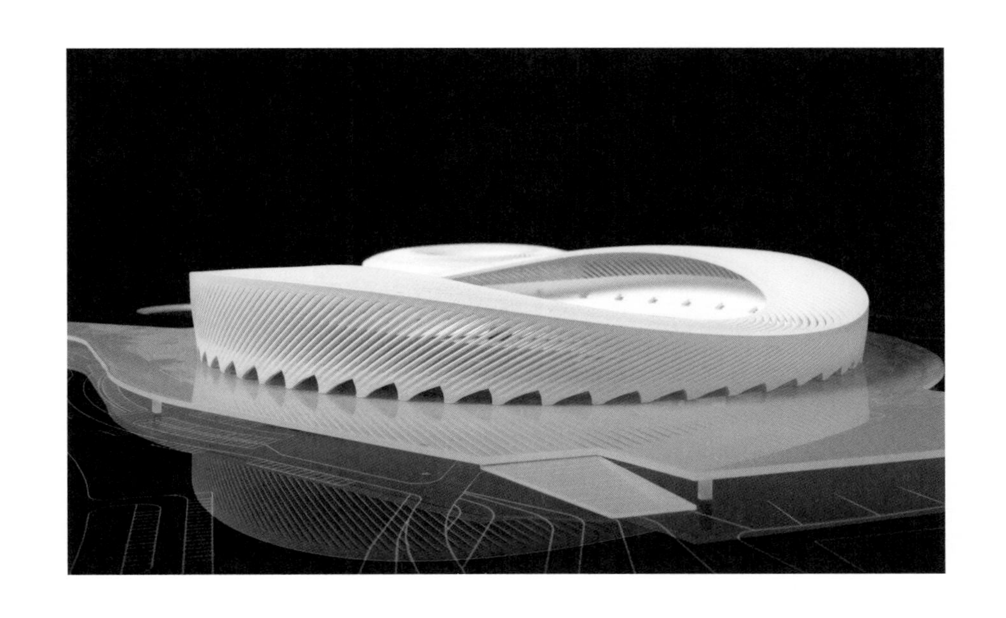

钢结构三维模型

看台基座则采用框架剪力墙结构，结合楼梯、电梯间等位置设置剪力墙，共同形成抗侧力系统。立面桁架和罩棚主结构均以简洁的铰接点落于下部混凝土结构上。

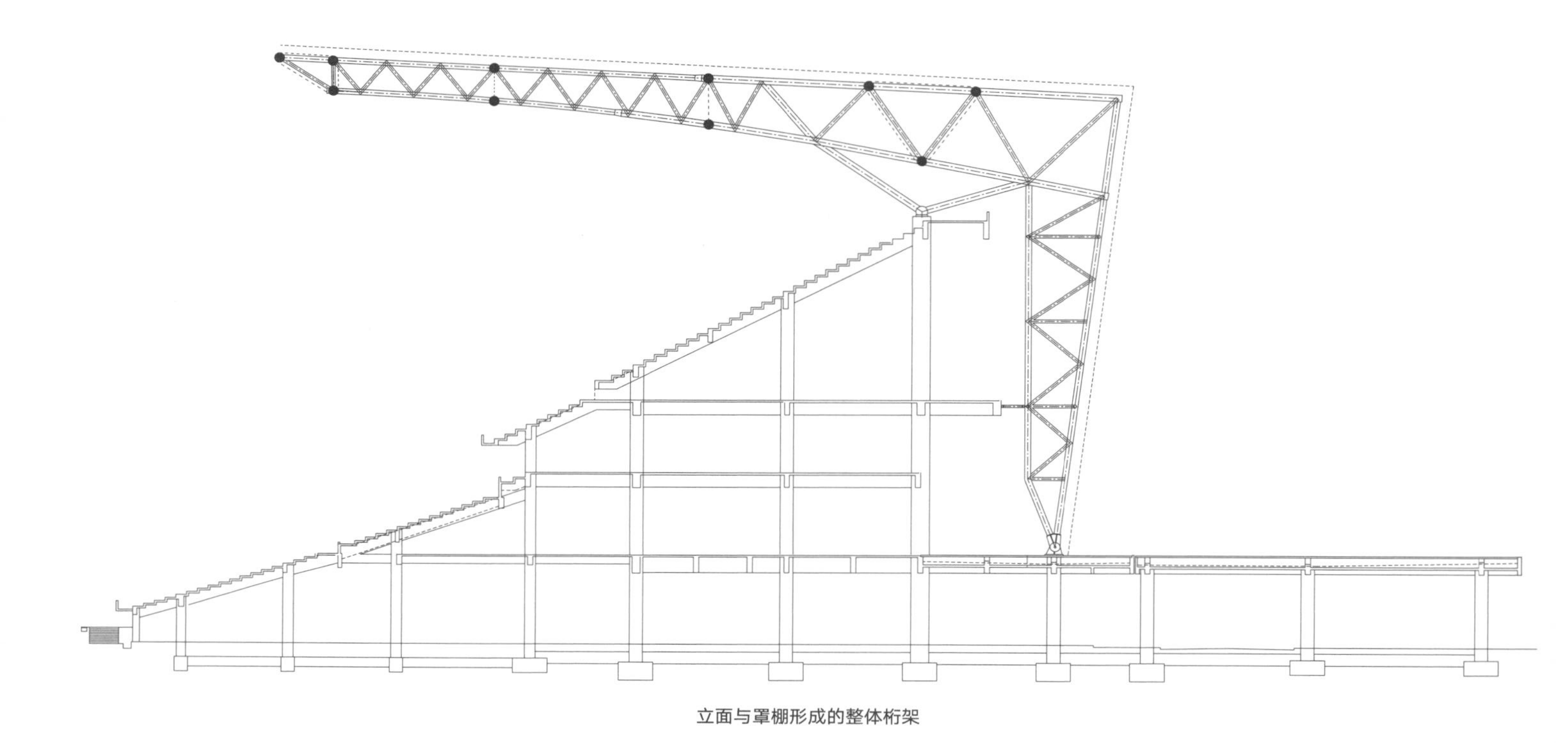

立面与罩棚形成的整体桁架

1. 连接板
2. 销板
3. 销轴
4. 支座底板
5. 加劲肋
6. 补强贴板

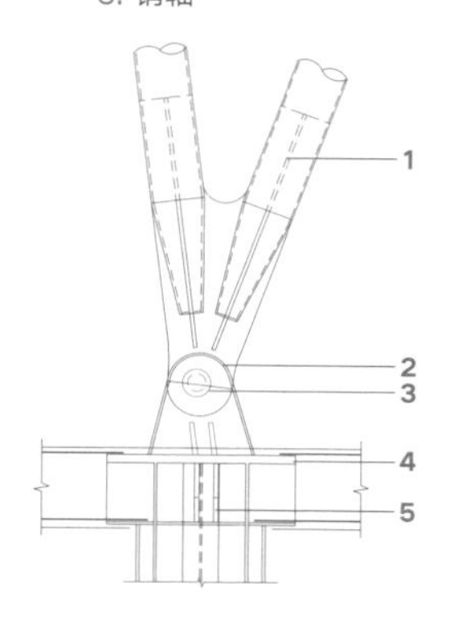

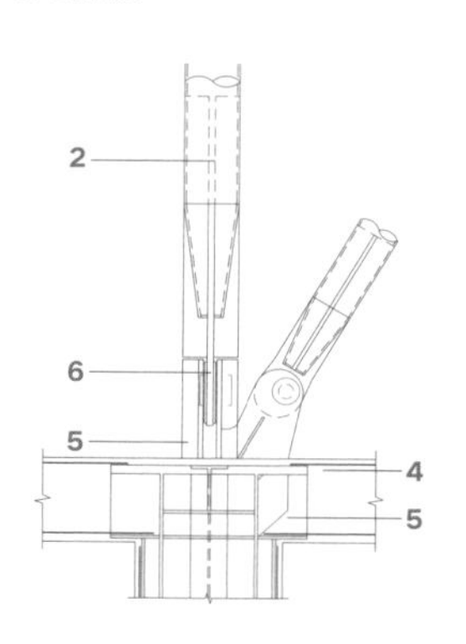

结构节点

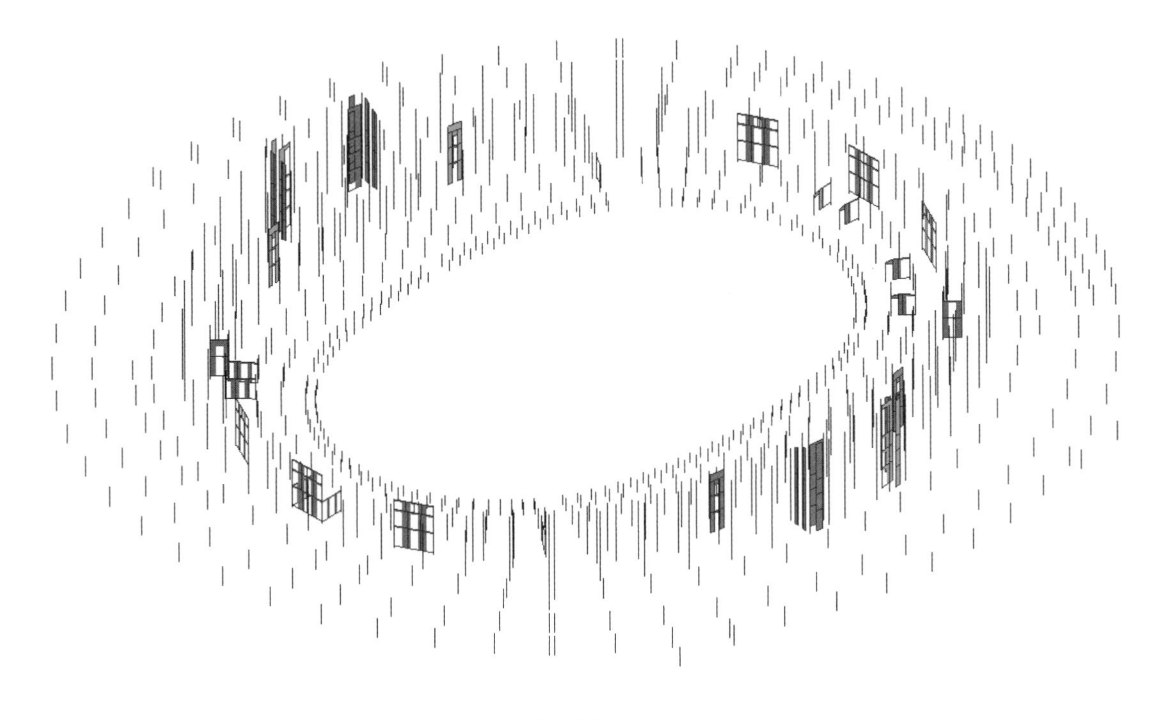

抗侧力体系三维图

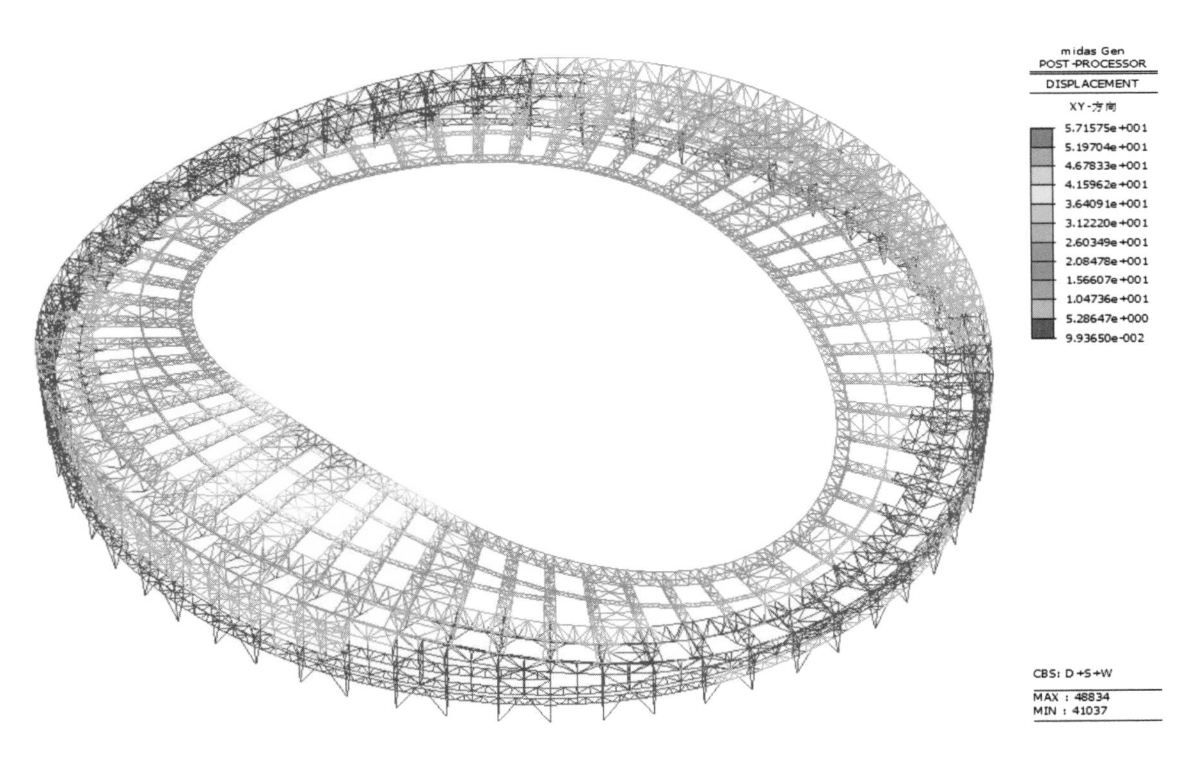

钢屋盖风荷载作用下变形图

通过结构风洞试验得到体育场 50 年重现期建筑表面的风压力分布，依此进行本项目滨海区域强风条件下的结构抗风设计。

外帷系统

外帷系统包含立面幕墙与屋顶面两部分。以白色铝单板为主材，由立面延伸至屋面。屋顶在覆盖全部观众席的基础上适当压缩尺度，既节约造价，又便于场地草坪接纳更多的阳光照射。

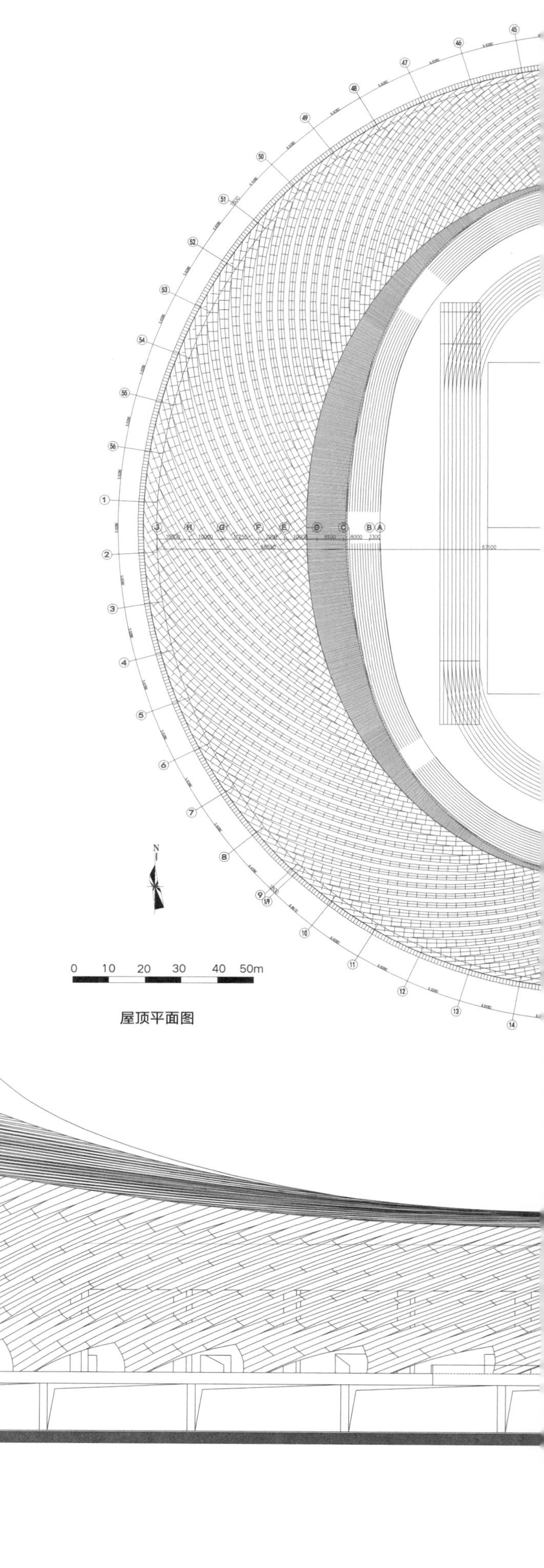

屋顶平面图

南立面图

0 10 20 30 40 50m

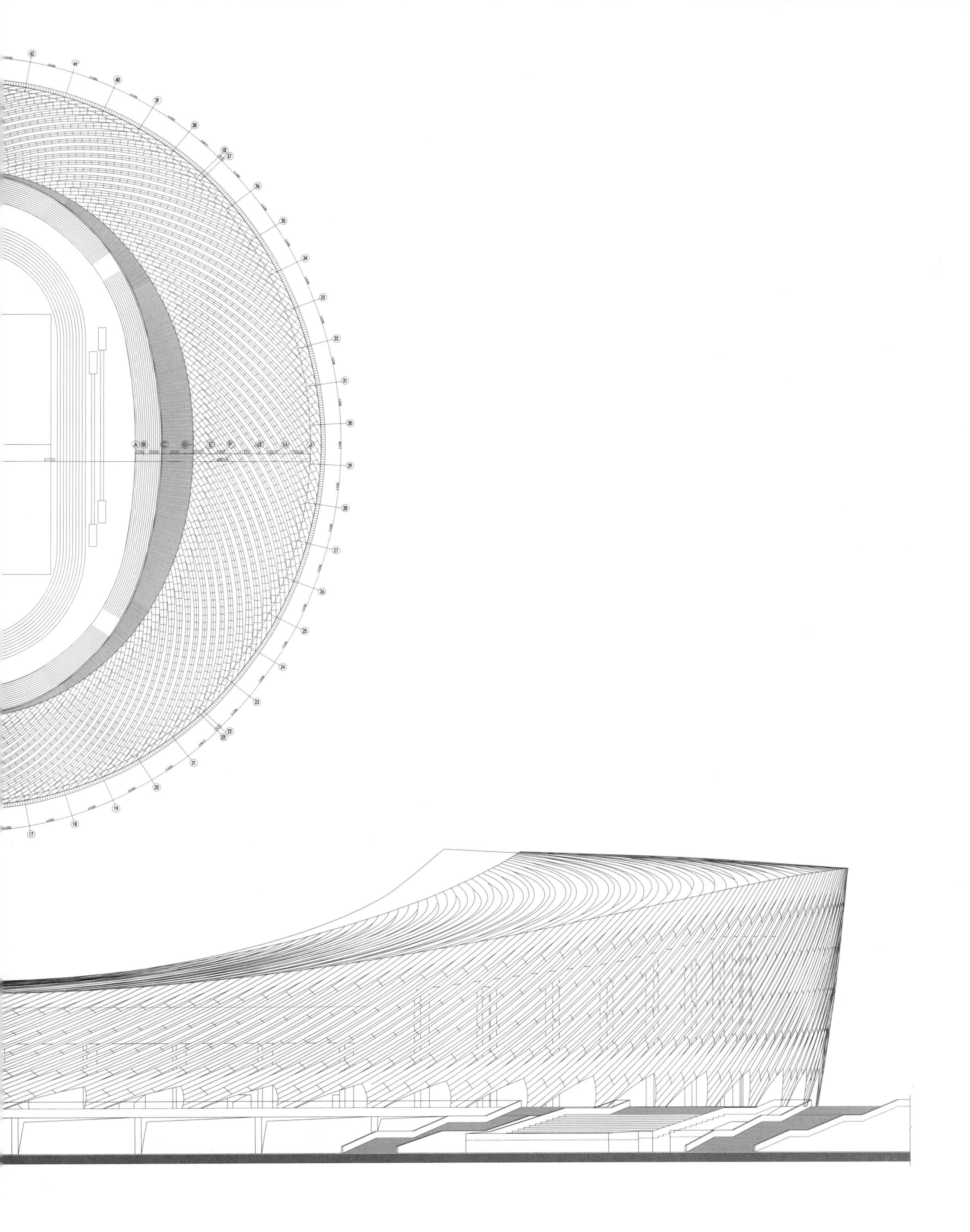

立面幕墙

铝单板纹络似“海之沙”褶皱起伏，又寓“海波涟漪”，勾画而成立面的“罩衣”。

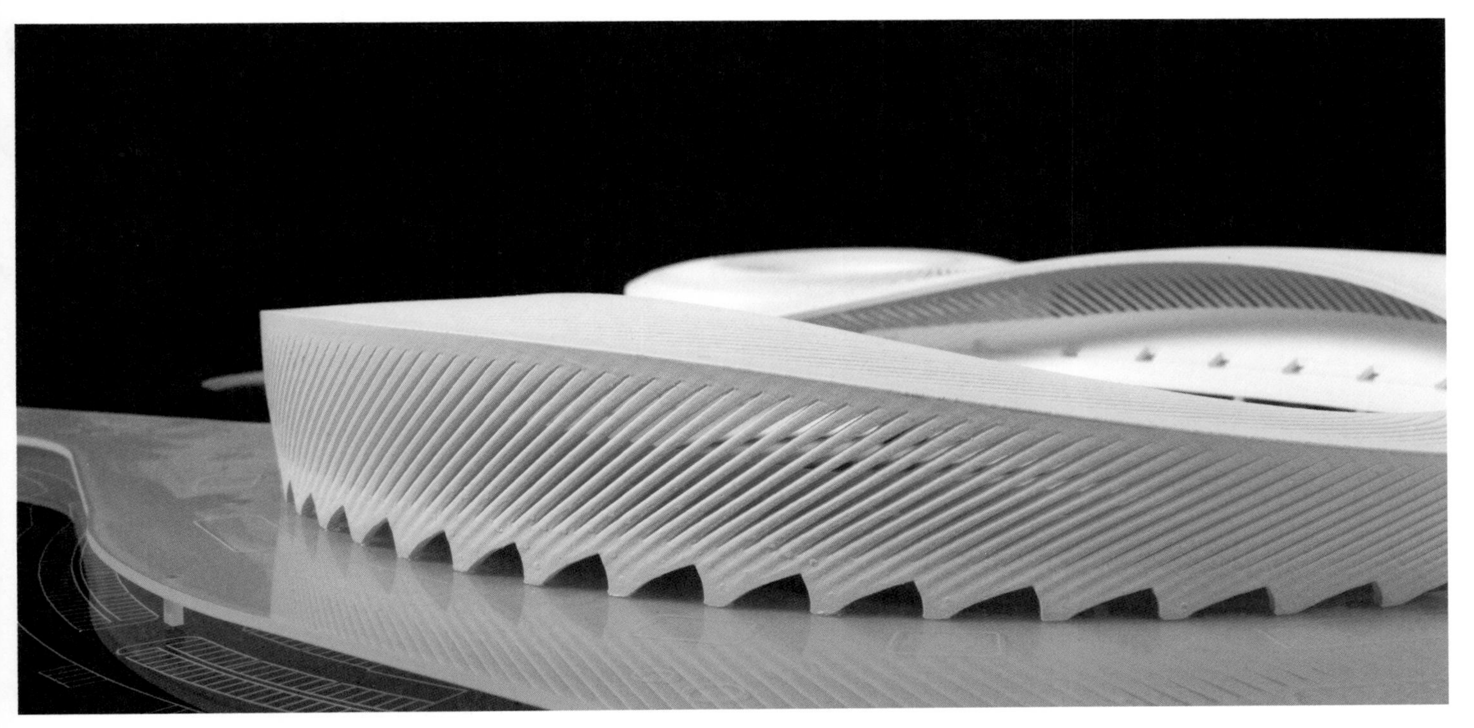

尖券型入口结合不同开孔率的穿孔板刻画出精致细腻、富于韵律感的细部。

铝单板以平板搭配曲面板，挂于钢管桁架外从平台地面逐渐隆起成褶皱状，再过渡至檐口处展平，与屋面整合为一体。

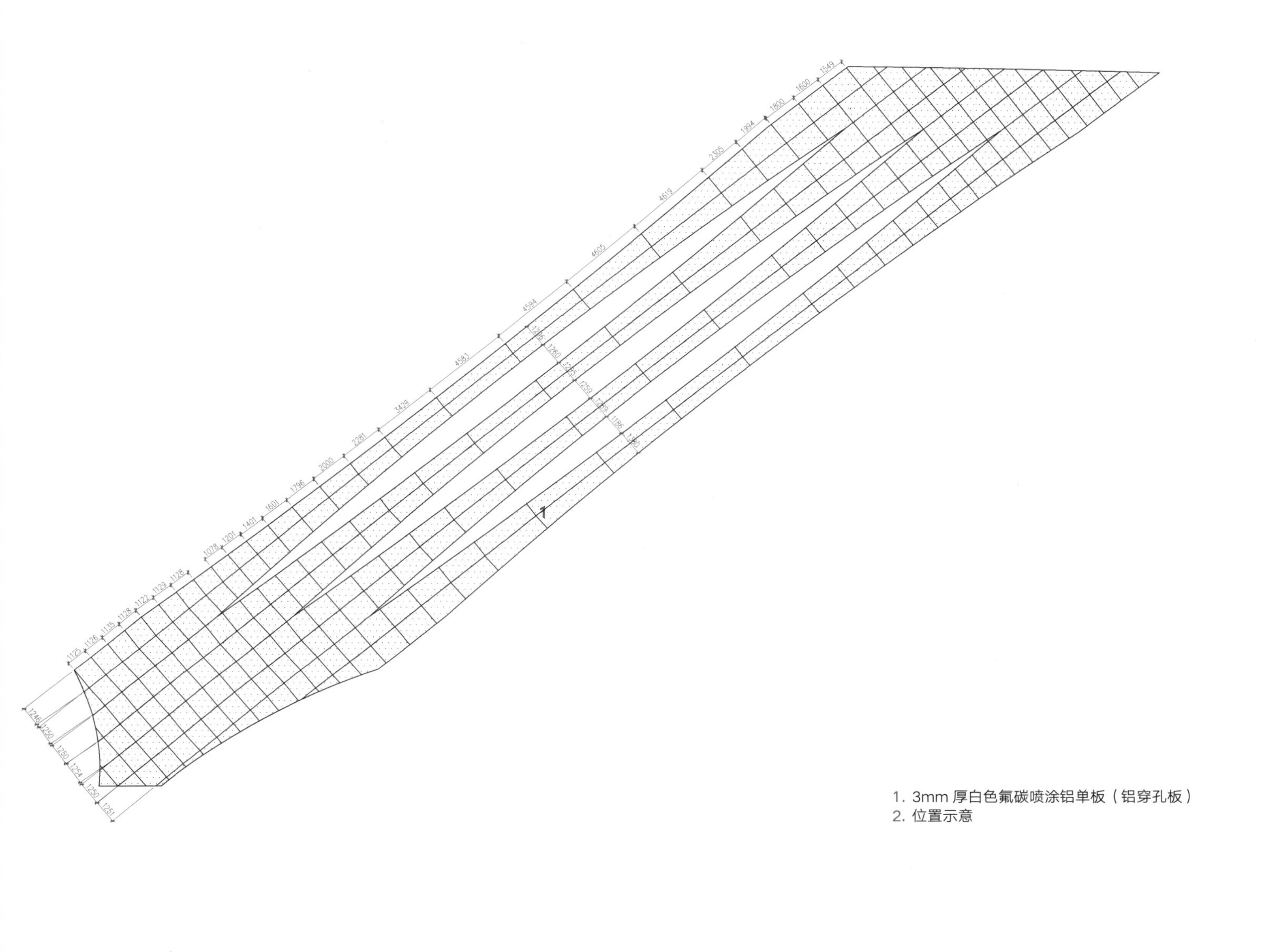

1. 3mm 厚白色氟碳喷涂铝单板（铝穿孔板）
2. 位置示意

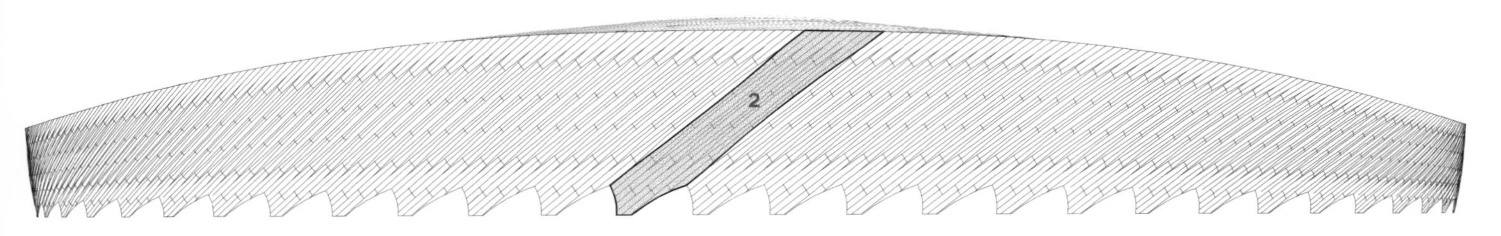

西立面幕墙与放大单元

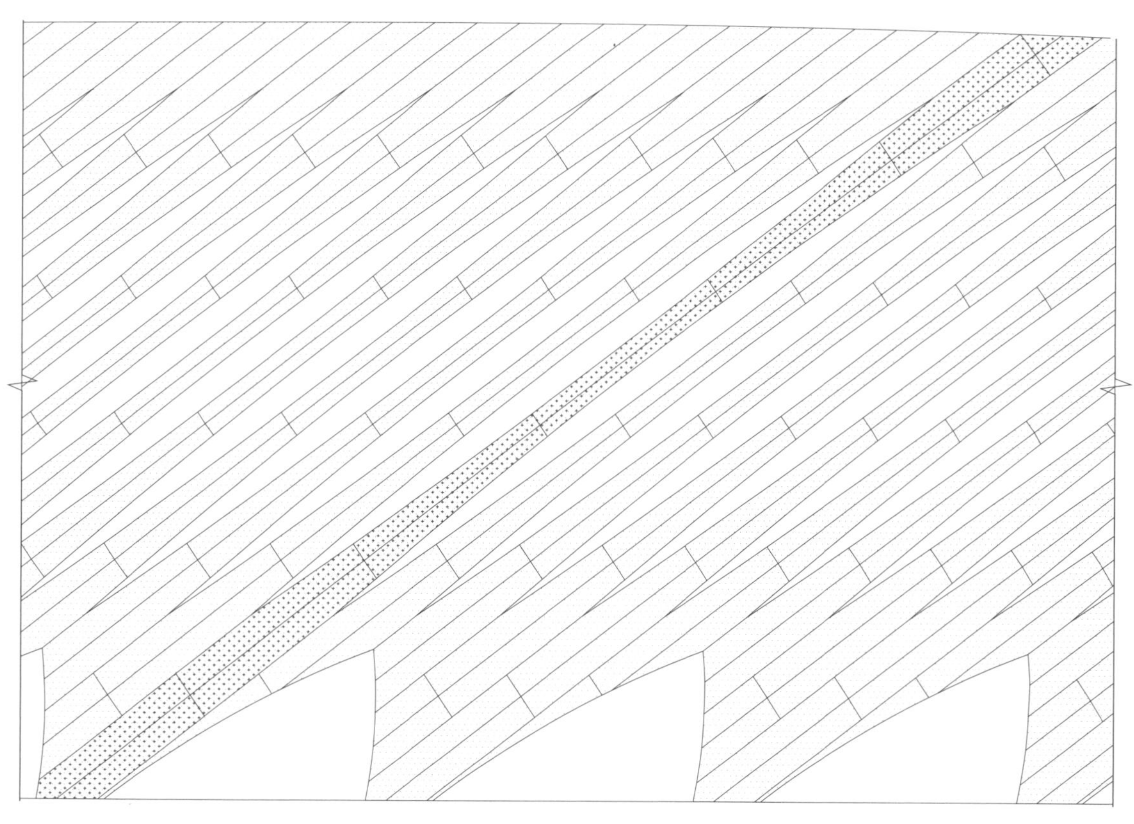

尖券洞口与铝板幕墙单元立面图

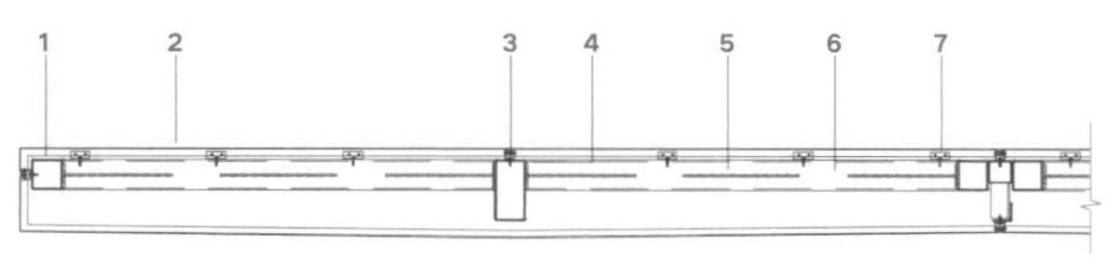

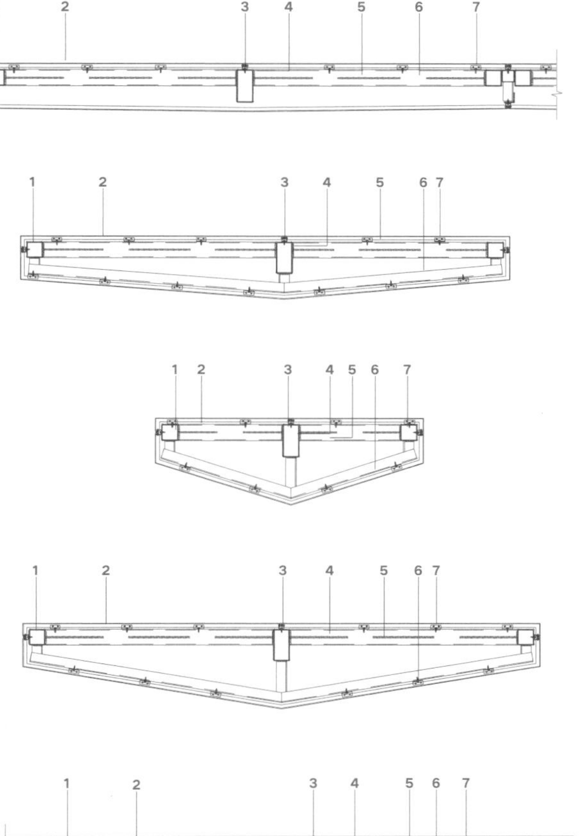

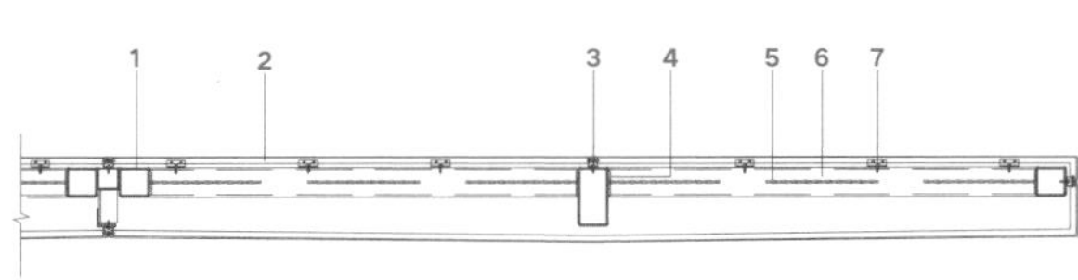

1. 80mm × 80mm × 5mm 钢方管边龙骨
2. 3mm 厚铝单板（铝穿孔板）
3. ϕ20mm 泡沫棒 & 密封胶
4. 160mm × 80mm × 6mm 钢方管主龙骨
5. 50mm × 50mm × 5mm 角钢斜腹杆
6. 80mm × 80mm × 5mm 钢方管次龙骨
7. 角铝转接件

铝单板典型部位平、剖大样图

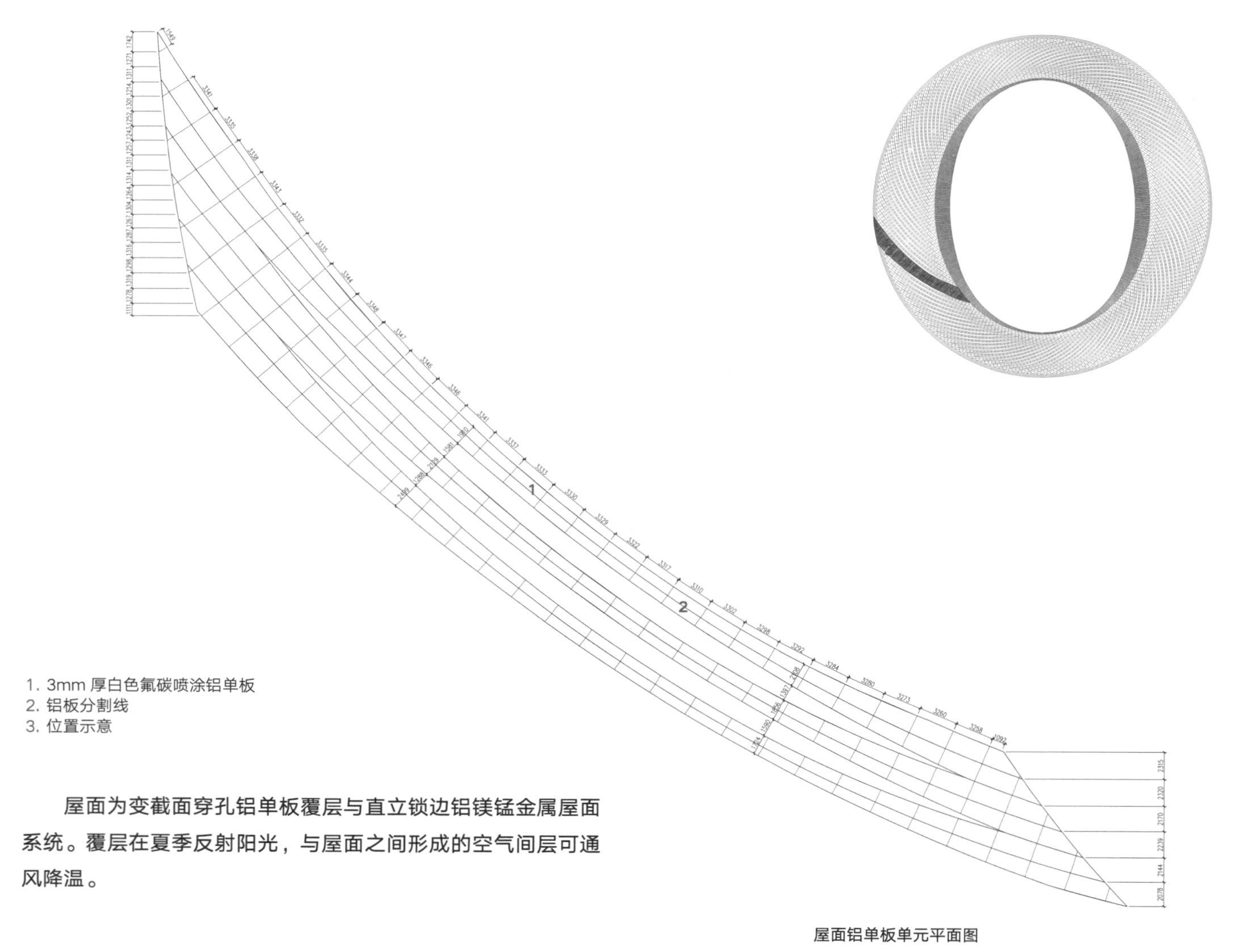

1. 3mm 厚白色氟碳喷涂铝单板
2. 铝板分割线
3. 位置示意

屋面为变截面穿孔铝单板覆层与直立锁边铝镁锰金属屋面系统。覆层在夏季反射阳光，与屋面之间形成的空气间层可通风降温。

屋面铝单板单元平面图

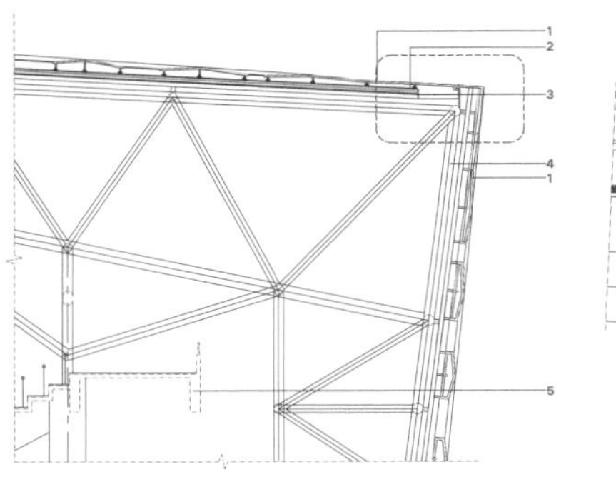

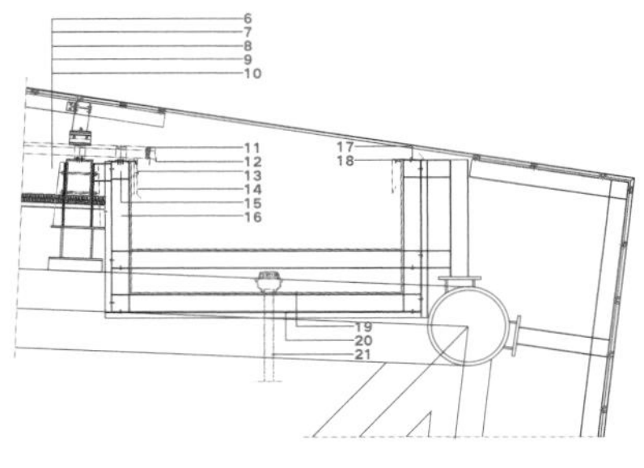

1. 3mm 厚白色氟碳喷涂铝单板
2. 深灰色直立锁边铝镁锰金属屋面
3. 1500mm 宽 500mm 深不锈钢天沟
4. 建筑主体钢结构
5. 钢筋混凝土结构看台
6. 0.9mm 厚氟碳喷涂铝镁锰合金直立锁边屋面板
7. □ 250mm × 150mm × 10mm 热浸锌檩条 @1200mm
8. 100mm 厚玻璃纤维吸声棉，密度 48kg/m³
9. 无纺布
10. 1.0mm 厚穿孔铝镁锰底板
11. 泡沫内堵头（下带铝合金滴水片）
12. 板端下折
13. ϕ4.8 × 16mm 铝拉铆钉 @400mm
14. 泛水板（材质同屋面板）
15. □ 100mm × 4.0mm 镀锌方钢管（通长）
16. □ 100mm × 4.0mm 镀锌方钢管 @1000mm
17. 5.5mm × 25mm 镀锌自攻自钻钉
18. 2mm 厚不锈钢天沟压块
19. 3.0mm 厚不锈钢天沟
20. 1.0mm 厚压型底板
21. 虹吸雨水斗

屋面外檐口大样图

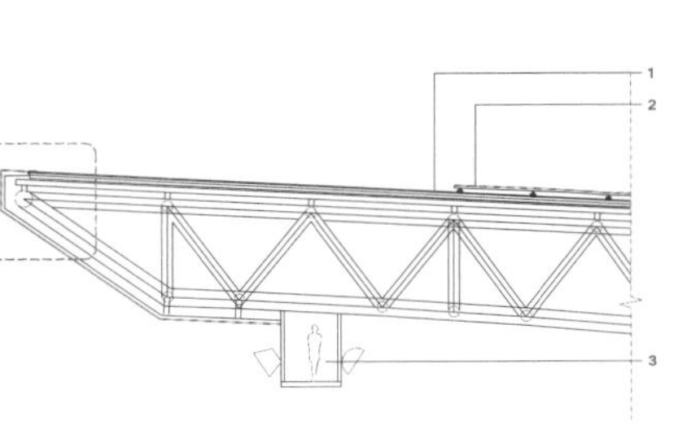

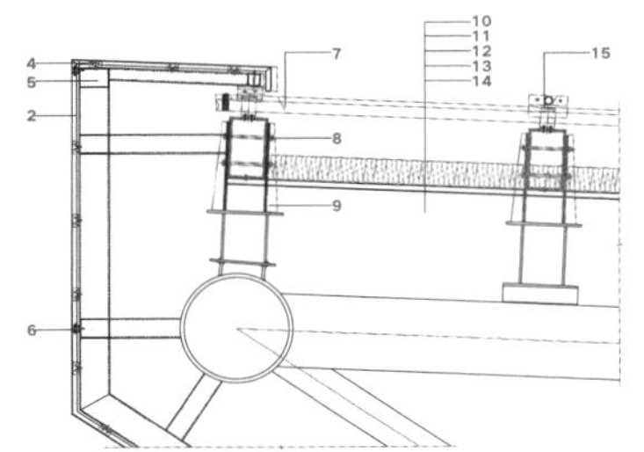

1. 深灰色直立锁边铝镁锰金属屋面
2. 3mm 厚白色氟碳喷涂铝单板
3. 马道
4. 铝角码 @250mm
5. □ 120mm × 80mm × 4.0mm 镀锌方钢管（通长）
6. 硅酮耐候密封胶 & 泡沫棒
7. 泛水板（材质同屋面板）
8. M14 × 200mm 不锈钢螺栓
9. 10mm 厚热浸锌连接板
10. 0.9mm 厚氟碳喷涂铝镁锰合金直立锁边屋面板
11. □ 250mm × 150mm × 10mm 热浸锌檩条 @1200mm
12. 100mm 厚玻璃纤维吸声棉，密度 48kg/m³
13. 无纺布
14. 1.0mm 厚穿孔铝镁锰底板
15. 防坠落系统

屋面内檐口大样图

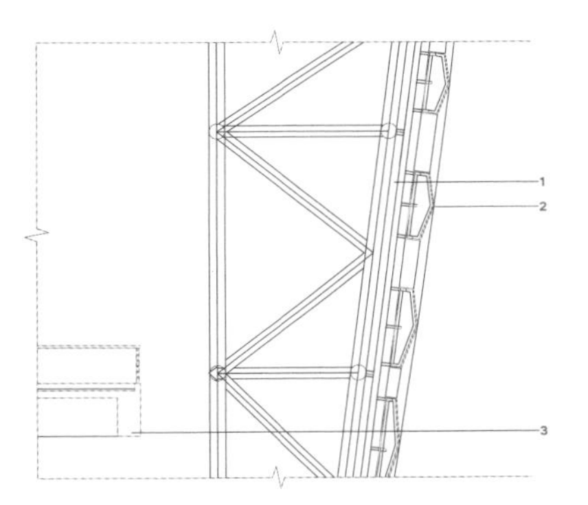

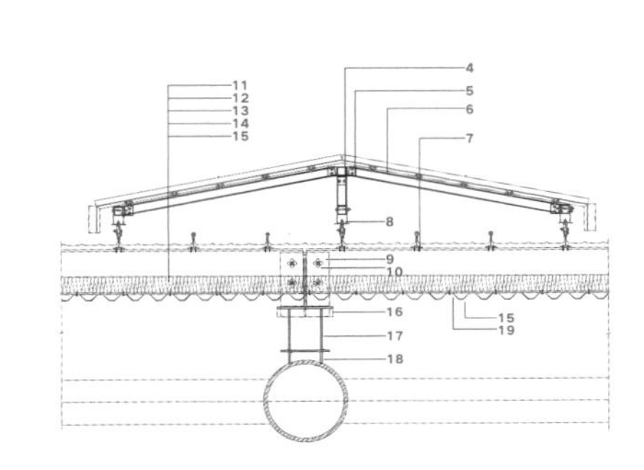

1. 建筑主体钢结构
2. 3mm 厚白色氟碳喷涂铝单板
3. 钢筋混凝土结构看台
4. □ 50mm × 4.0mm 铝骨架 @ 通长
5. 铝合金连接件
6. 3mm 厚白色氟碳喷涂铝单板
7. 5.5mm × 35mm 镀锌自攻自钻钉
8. H85 高强铝合金支座（带隔热垫）
9. 10mm 厚热浸锌连接板
10. M14 × 200mm 不锈钢螺栓
11. 0.9mm 厚氟碳喷涂铝镁锰合金直立锁边屋面板
12. □ 250mm × 150mm × 10mm 热浸锌檩条 @1200mm
13. 100mm 厚玻璃纤维吸声棉，密度 48kg/m³
14. 无纺布
15. 1.0mm 厚穿孔铝镁锰底板
16. 10mm 厚钢板 (Q345B)
17. 檩条支托 :180mm × 8.0mm 圆管
18. 檩条支托 :10mm 厚钢板
19. 5.5mm × 25mm 镀锌自攻自钻钉

立面与屋面铝单板中段大样图

体育馆

Gymnasium

概述

体育馆为甲级特大型体育馆，总建筑面积 67250 m²，总建筑高度 37.4m（坡屋面平均高度至室外地坪），总座席数 14700 座。地上为单层大空间，局部四至五层，包括比赛场地与练习场地、环向大厅、包厢、主席台与观众看台、基座的赛事、运营以及辅助用房等，可举办体操、篮球、手球、蹦床等多项国际与国内比赛，同时满足热身训练、会展、演艺等多功能使用的要求。

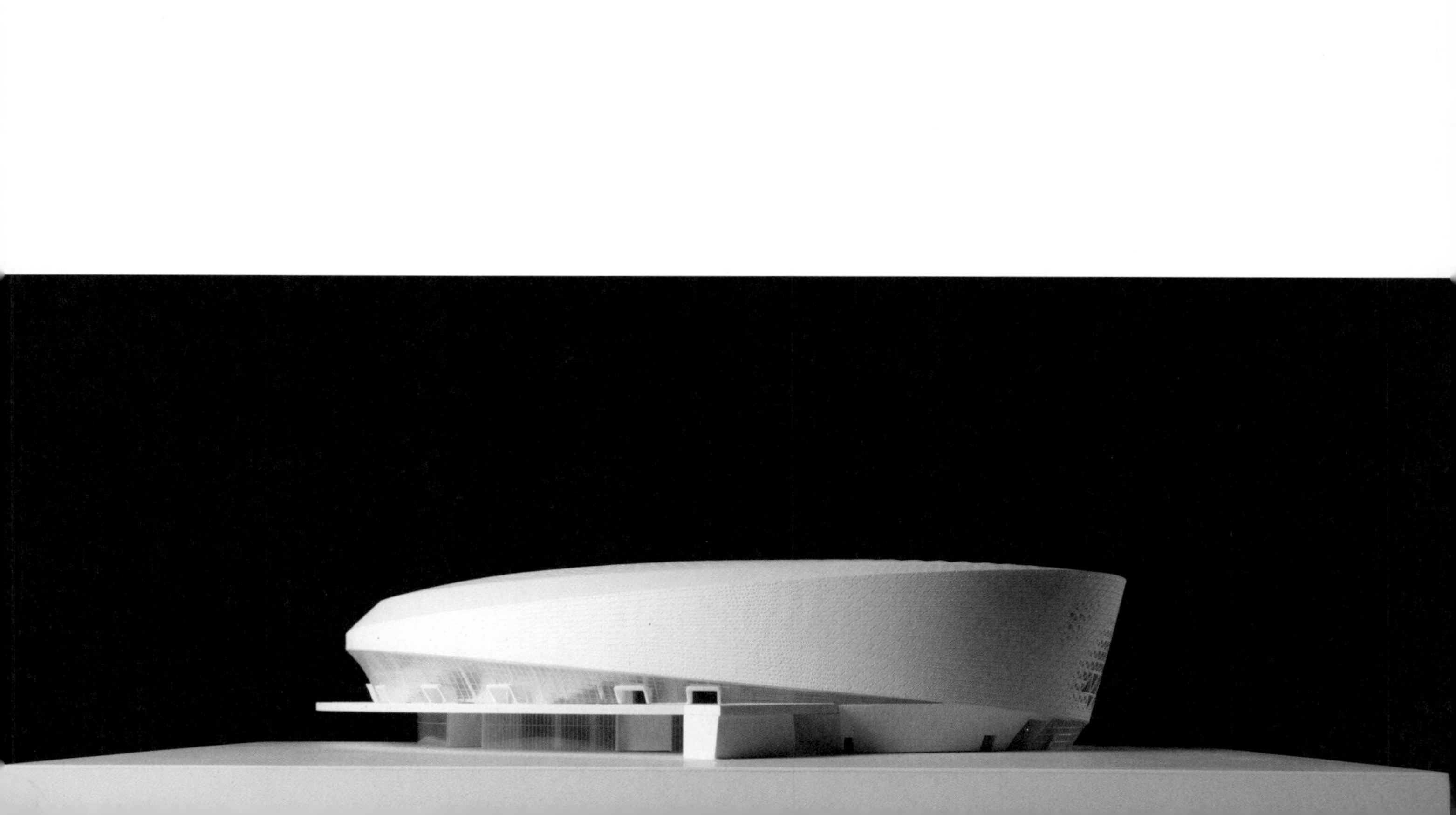

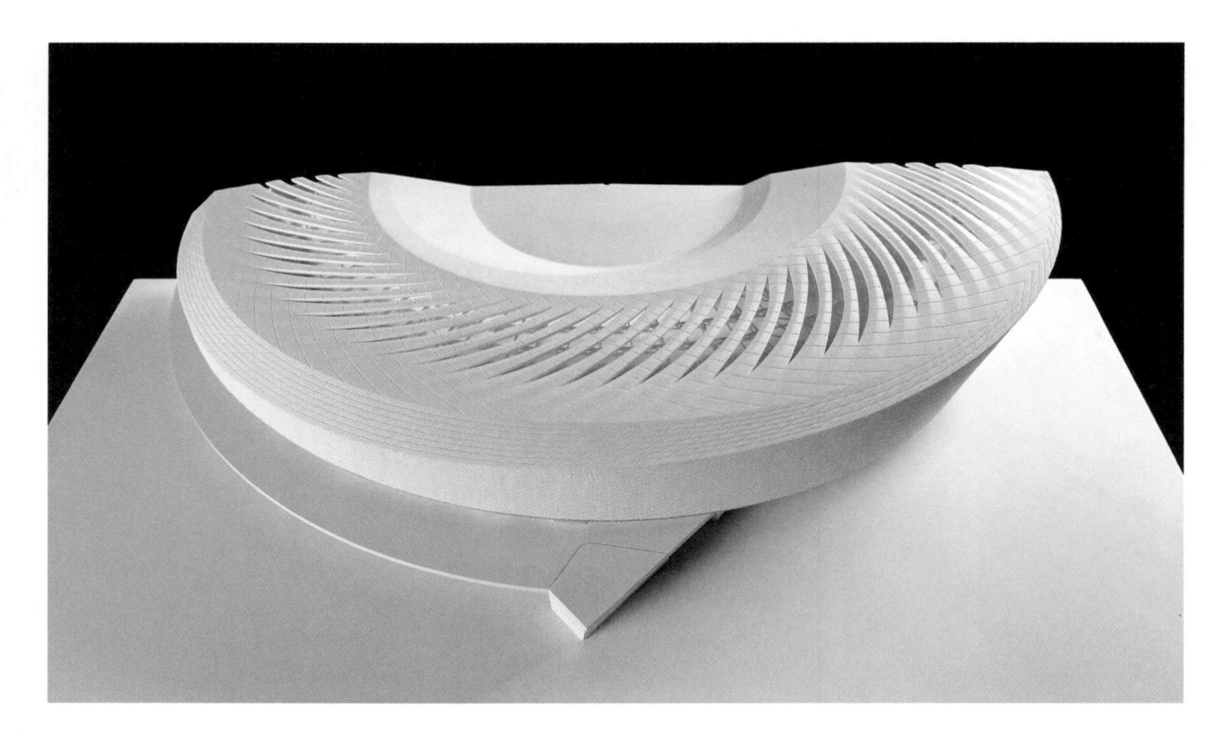

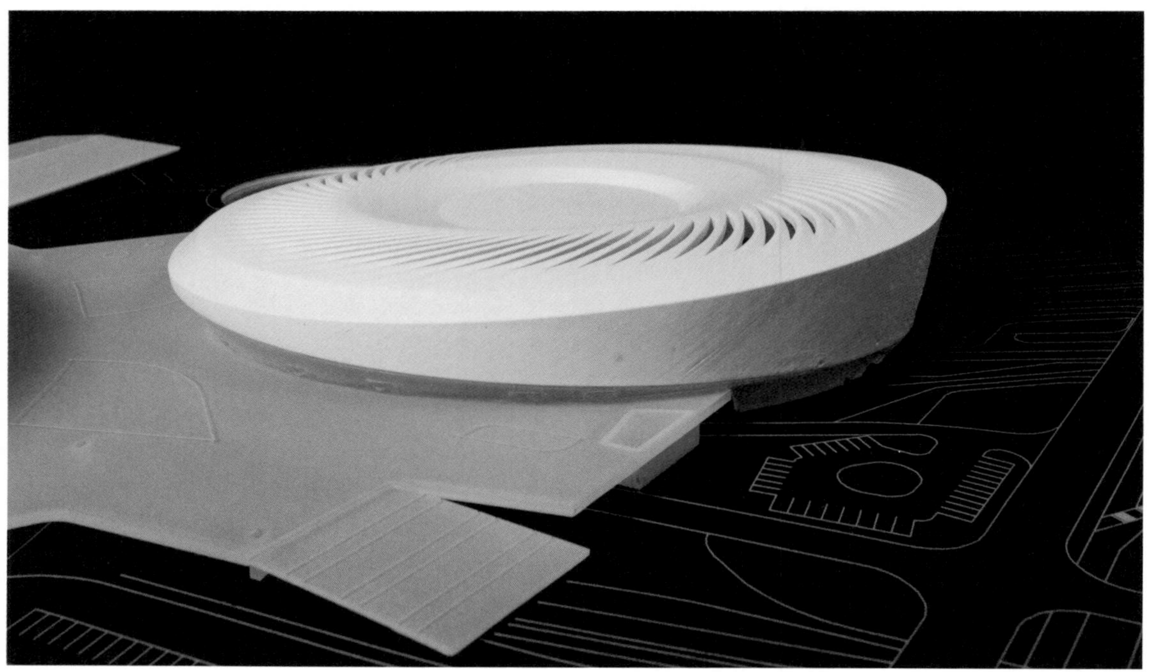

空间同构

和体育场相类似，体育馆空间同样基于场芯进行建构：由内至外、从下至上依次为比赛场地、基座空间与池座看台、环向大厅与楼座看台、屋顶与立面钢结构以及外帷系统。

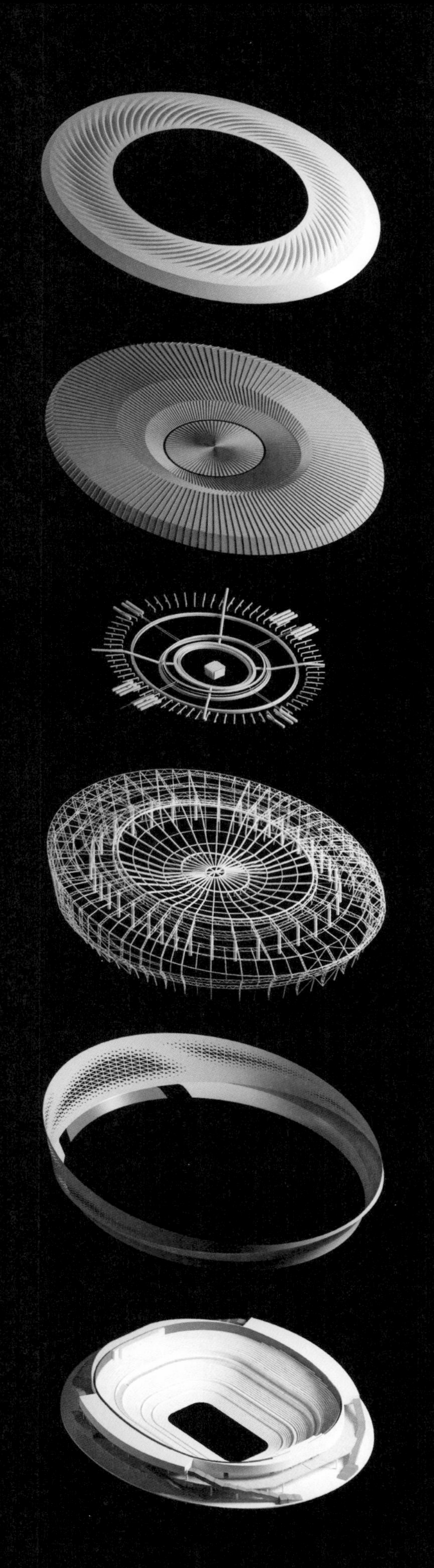

屋面外帷系统——铝单覆层

屋面外帷系统——铝镁锰直立锁边屋面系统

内场屋面设备系统

主体钢结构

立面外帷系统——铝单板幕墙

场地、基座及看台

集约控制

控制环向大厅尺度、缩短观众出入场距离，控制建筑形态与看台同构，压低场芯屋面高度，降低空调能耗与运营成本。

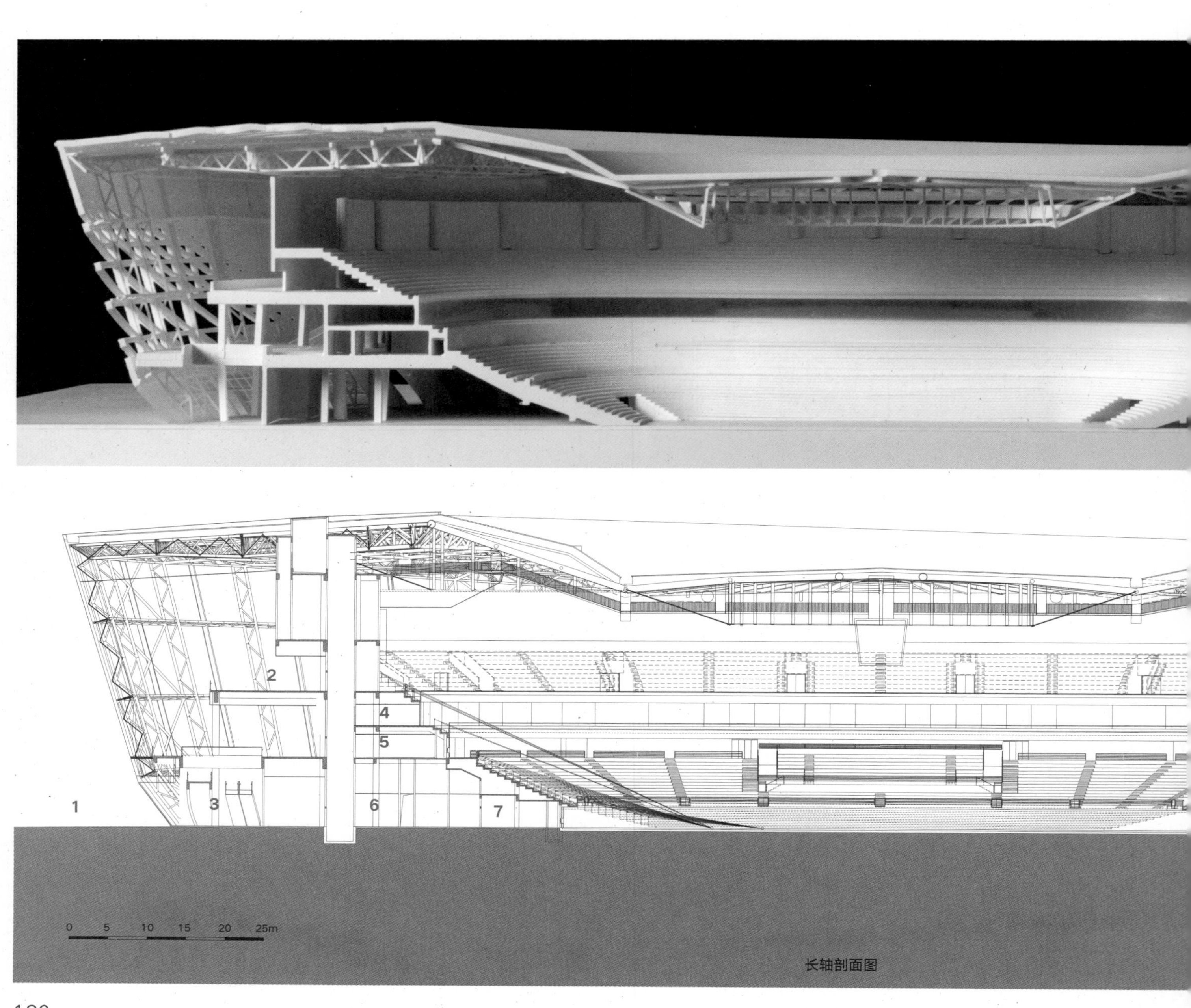

长轴剖面图

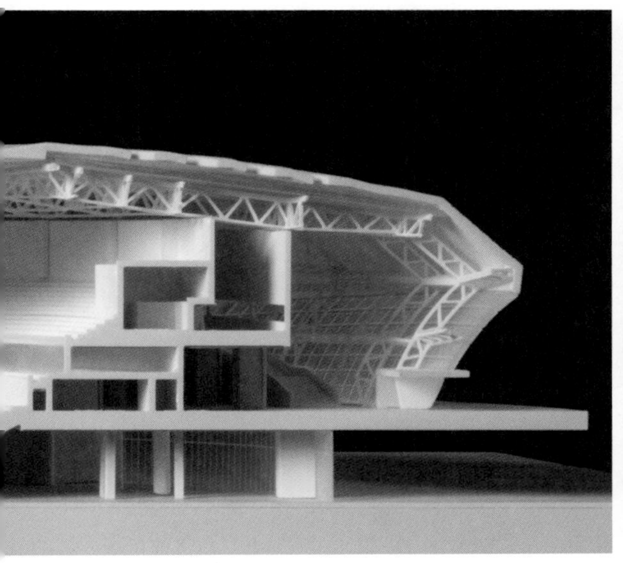

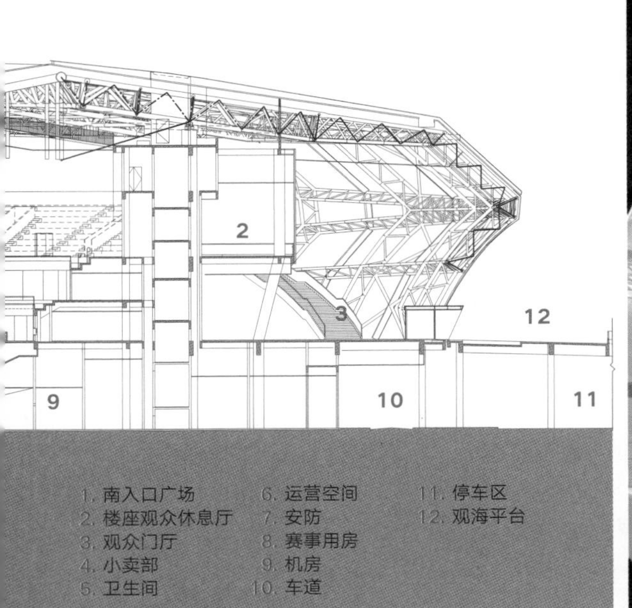
2
3
12
9
10
11
1. 南入口广场
2. 楼座观众休息厅
3. 观众门厅
4. 小卖部
5. 卫生间
6. 运营空间
7. 安防
8. 赛事用房
9. 机房
10. 车道
11. 停车区
12. 观海平台

比赛场地

场地尺寸为 72m×42m。通过池座看台区伸缩座席的变化，以及移动式配重篮球架、排球柱预埋件、地板上铺专用地胶、场地搭台或短边搭建舞台和电子屏等措施，实现篮球、排球、手球、羽毛球、乒乓球、体操等项目训练、比赛及会展演艺的多功能转换。木地板构造由防潮薄膜、实木龙骨、弹性橡胶垫、层压复合毛地板与体育专用木地面板构成。

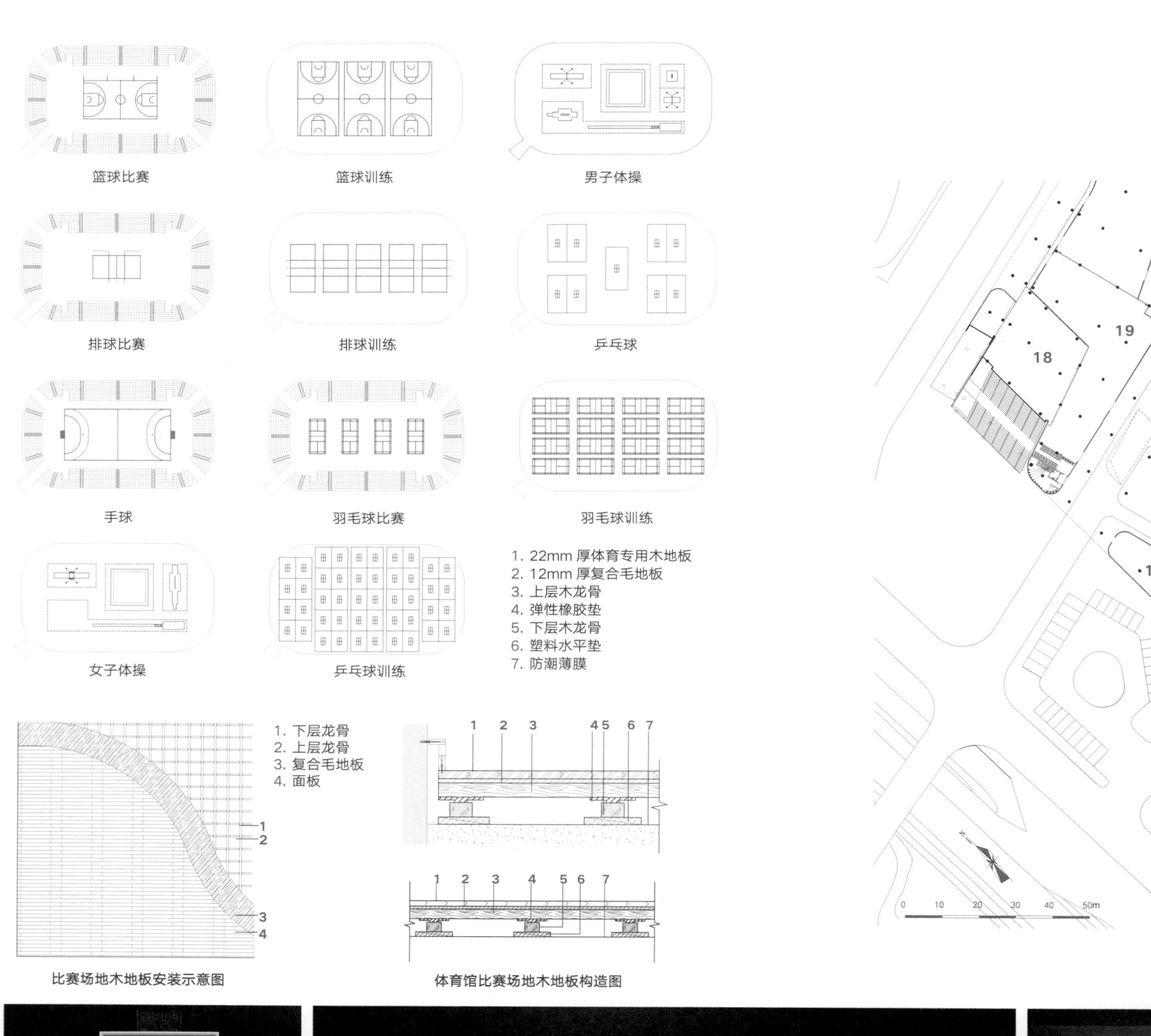

比赛场地木地板安装示意图

体育馆比赛场地木地板构造图

基座空间

一层基座主要为运营空间、包厢观众与贵宾门厅，以及运动员、裁判、新闻媒体、工作人员等使用的赛事用房。通过各入口可分别进入包厢与主席台门厅、运动员第一登录厅以及新闻发布厅与组委会等工作用房。东侧练习馆内设半地下的篮球场两片，平时作为全民健身场所对公众开放。

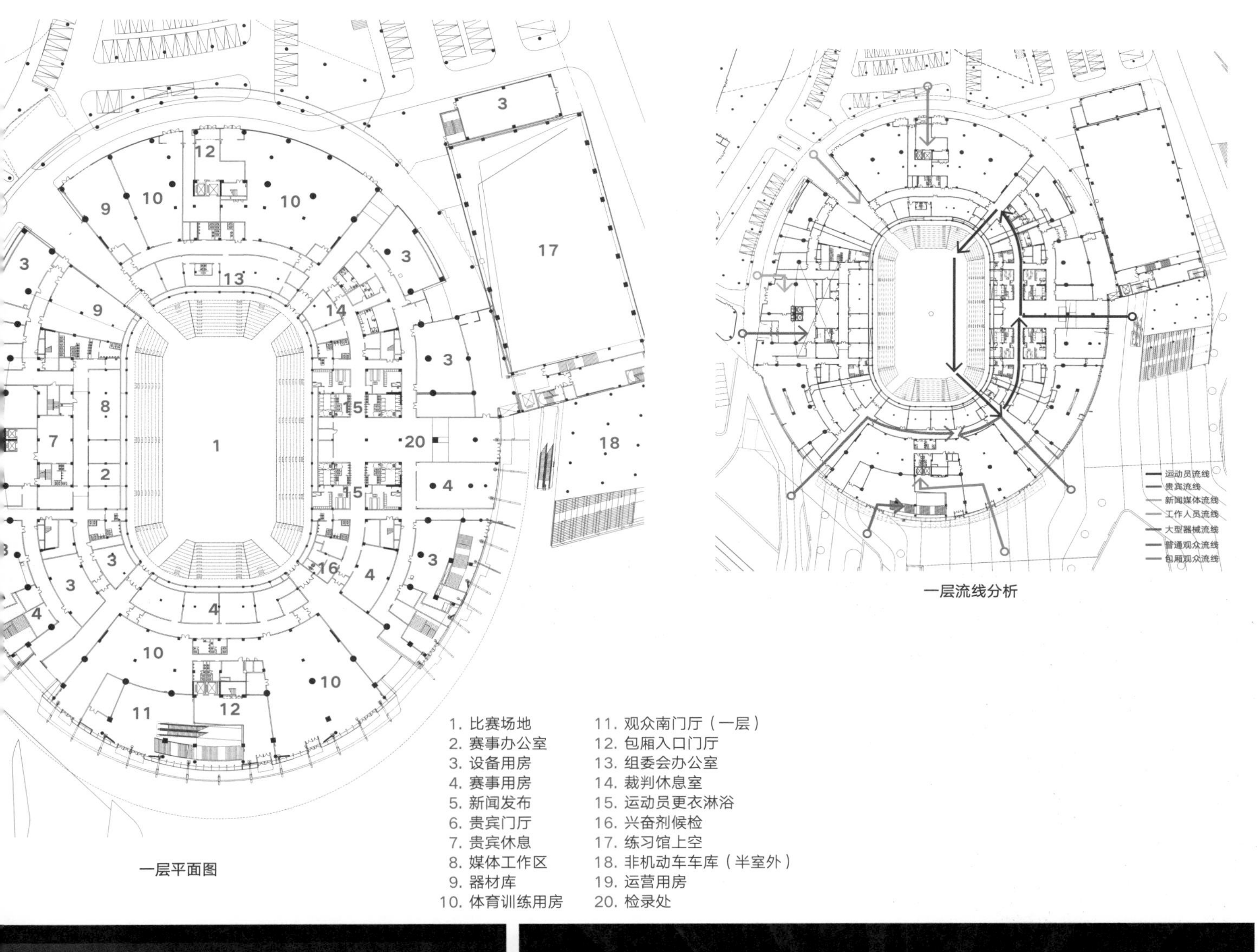

一层平面图

一层流线分析

环向大厅

观众进入环向大厅后，由通往内场的门洞进入池座看台。

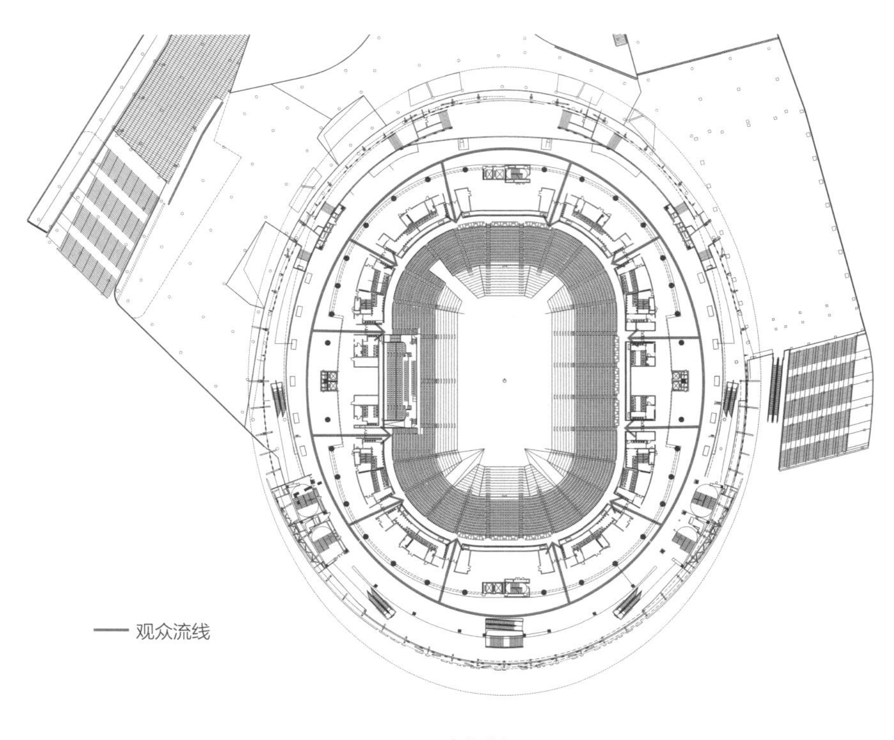

二层流线分析

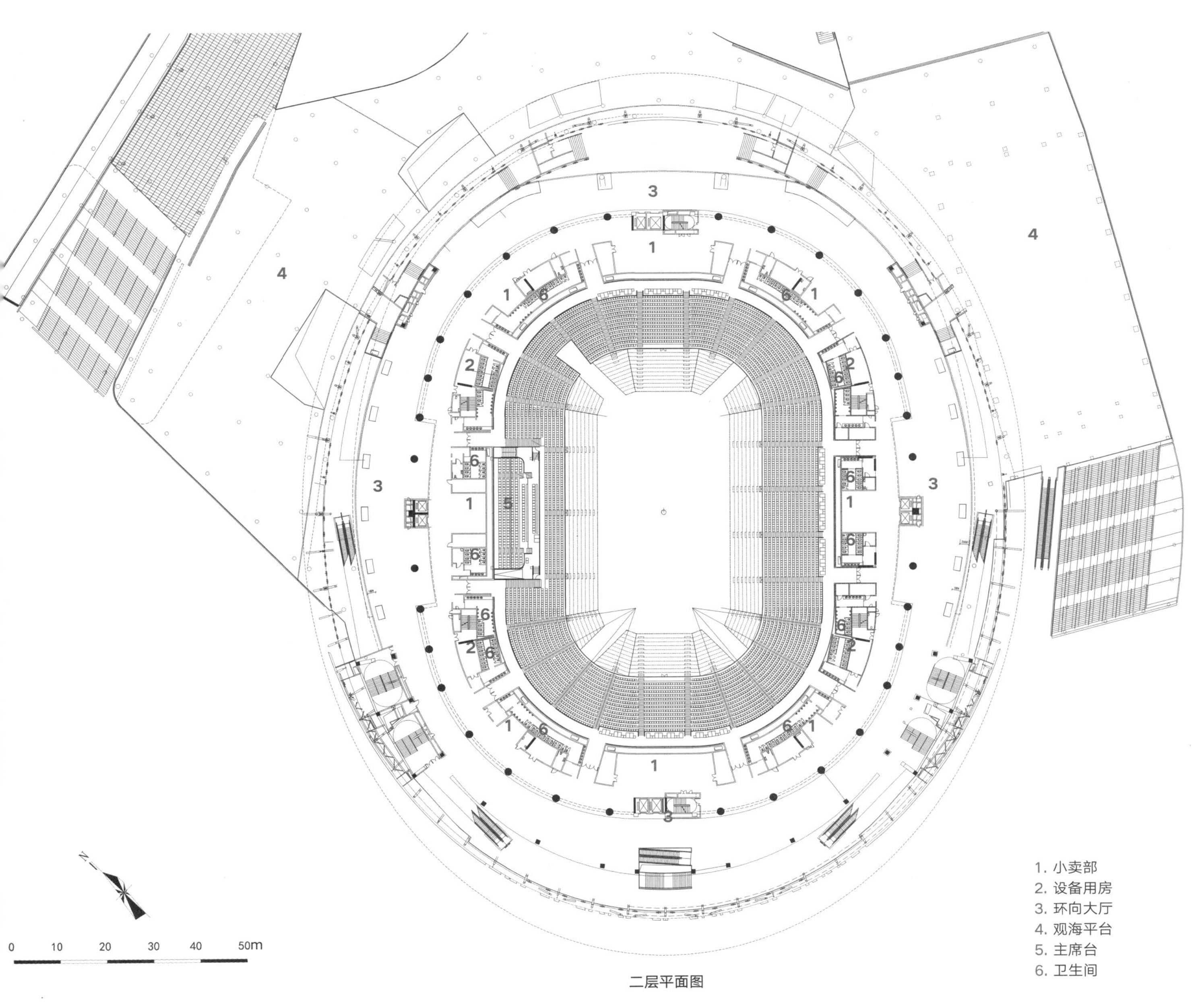

二层平面图

复合直梯

环向大厅设置四组直跑封闭楼梯间，形成“筒体”直通室外疏散平台，每组封闭直梯上部叠加开敞楼梯，便于观众步行上至楼座看台，上下一体，节约空间。

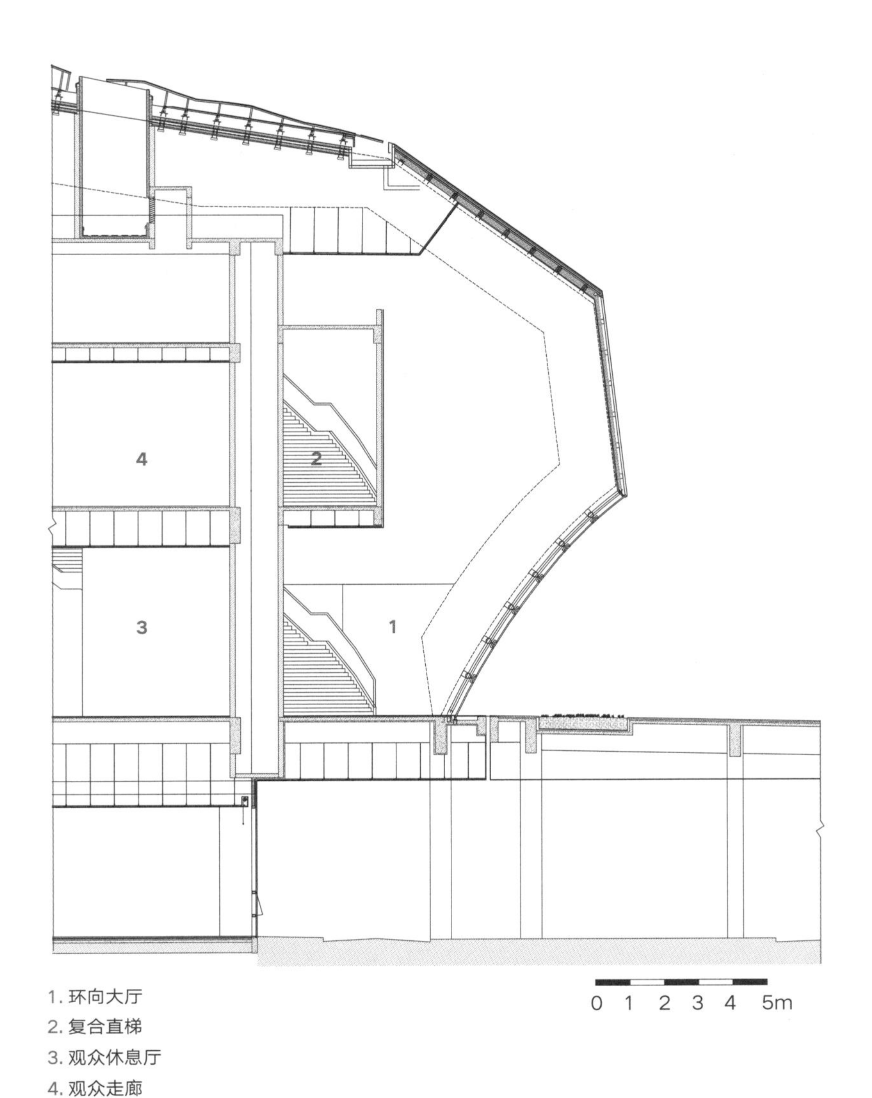

1. 环向大厅
2. 复合直梯
3. 观众休息厅
4. 观众走廊

0 1 2 3 4 5m

环向大厅墙身剖面图

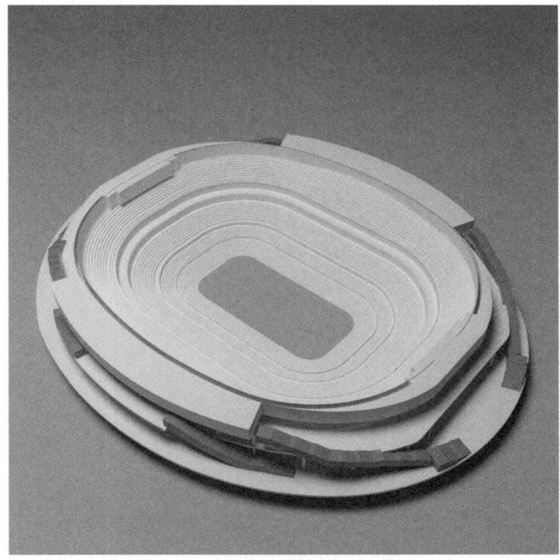

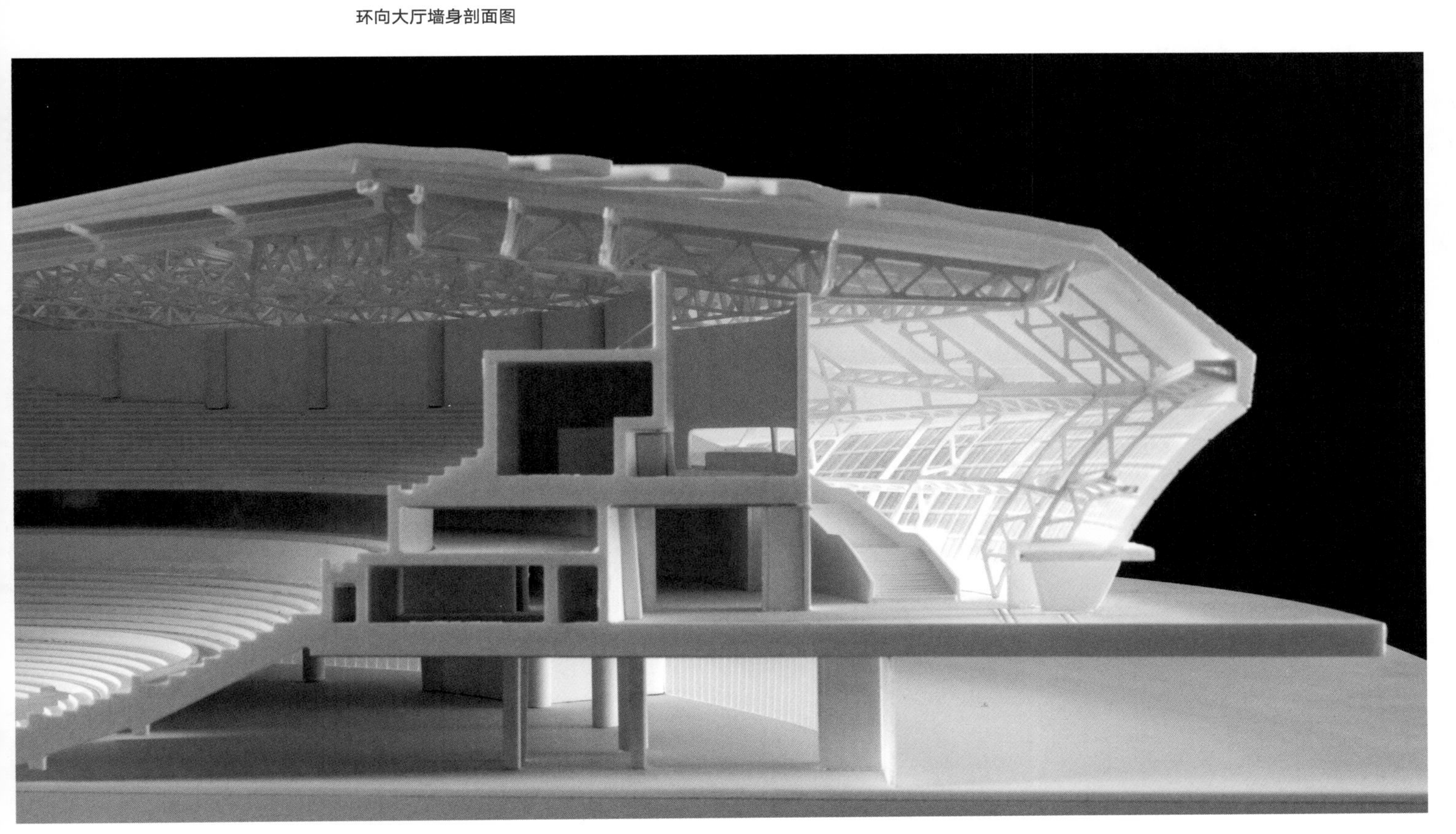

大厅内，由吊顶、钢结构、复合直梯组成的黑白交响乐在光的“指挥”下奏响……

C10 C09
通道 Aisle

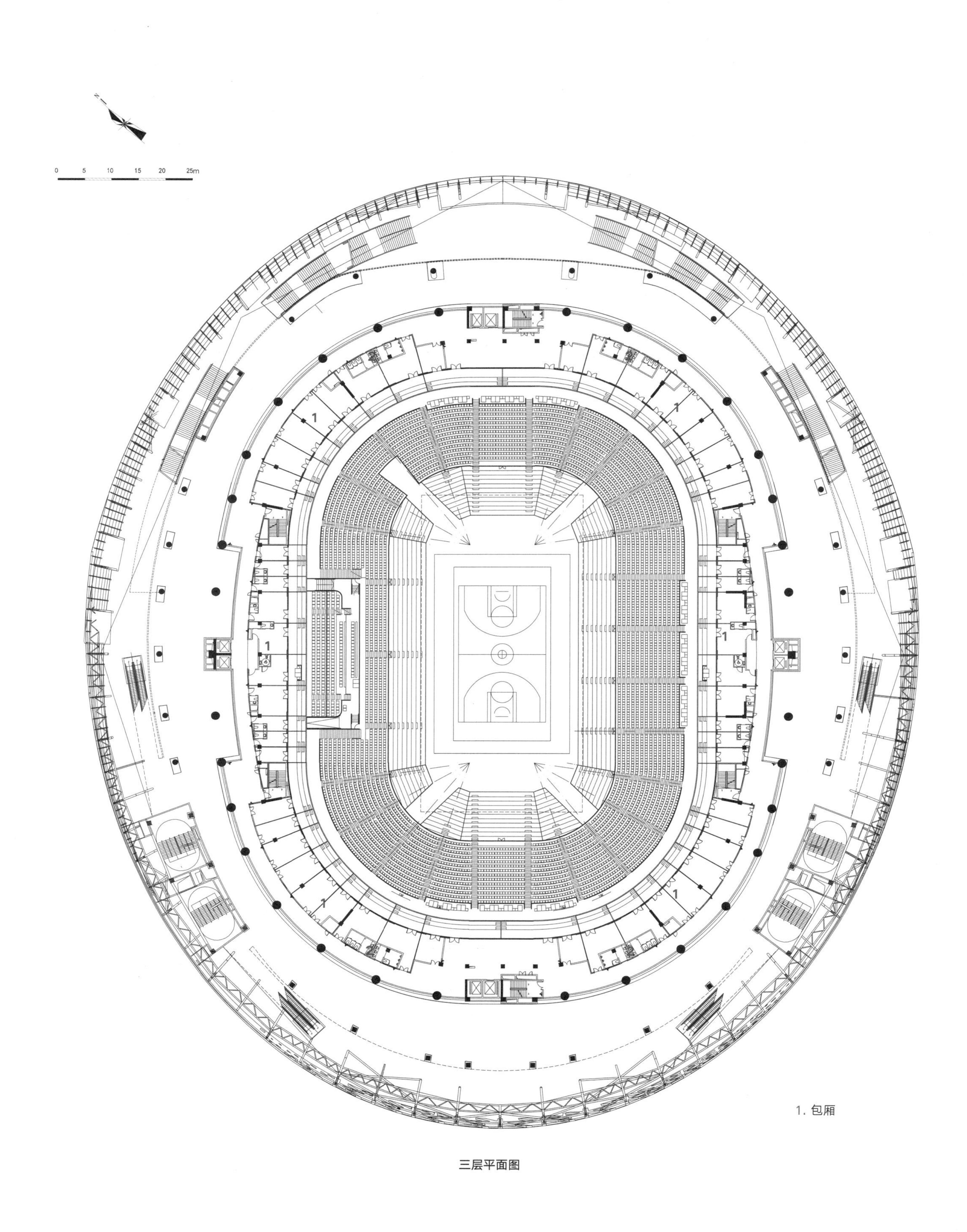

三层平面图

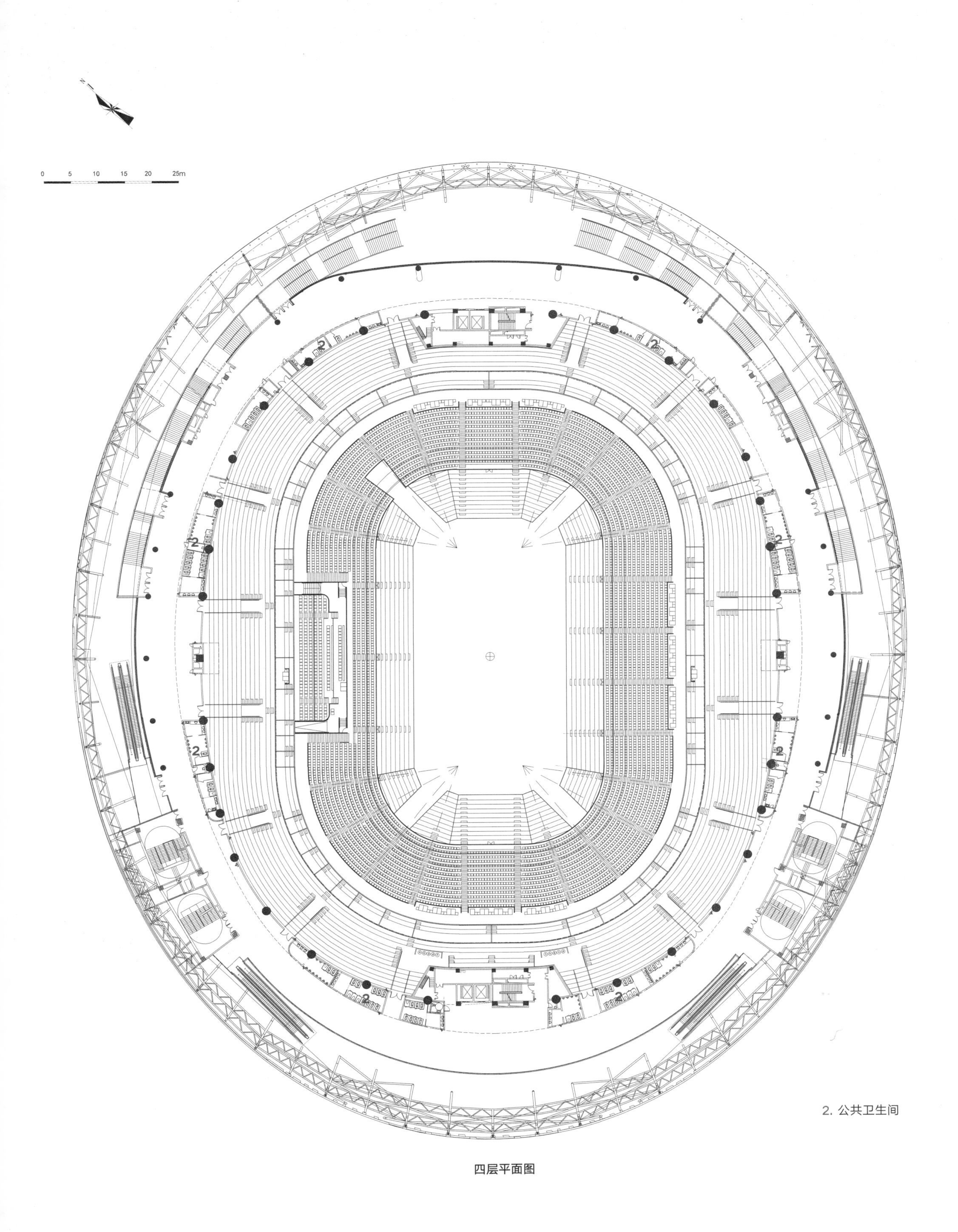

四层平面图

比赛大厅

屋顶中部适当压低，既方便观众观看斗屏，又利于视线聚焦于场地，也可降低空调能耗。

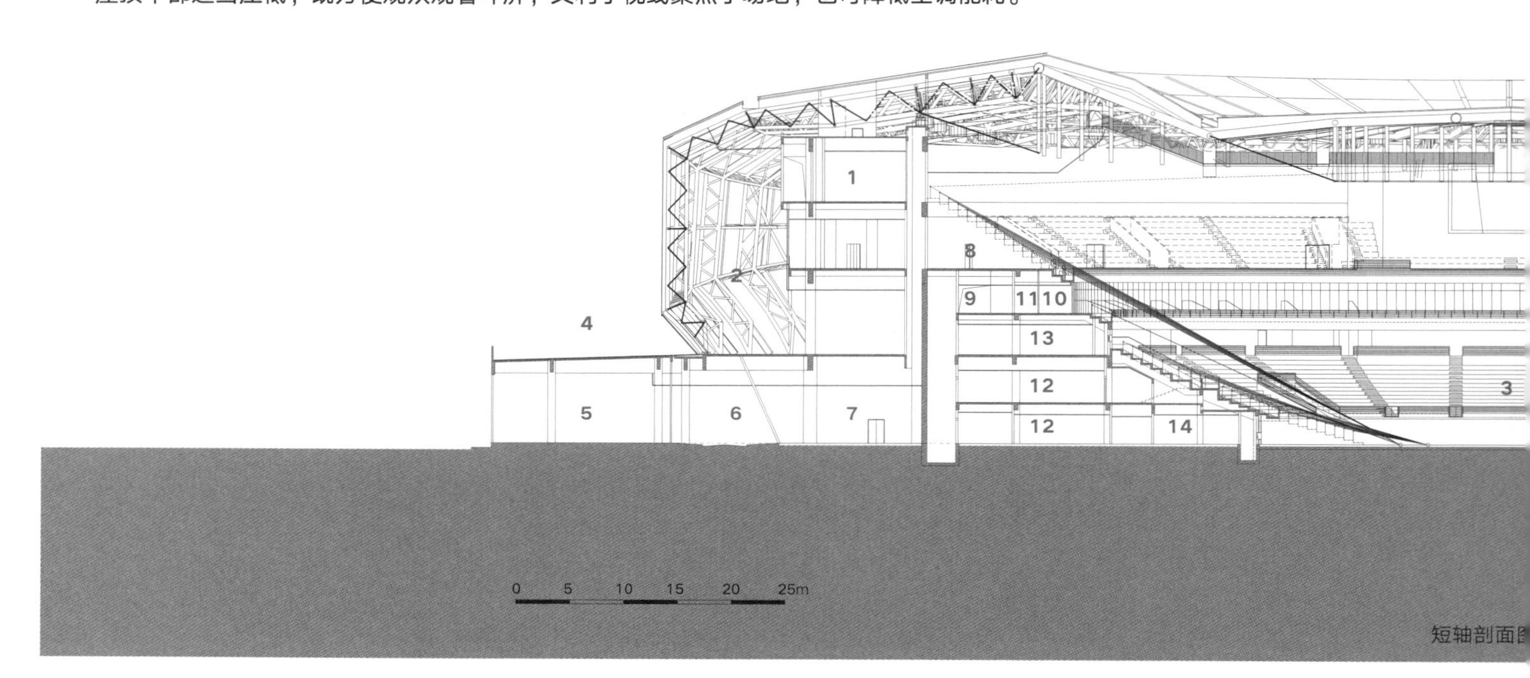

短轴剖面图

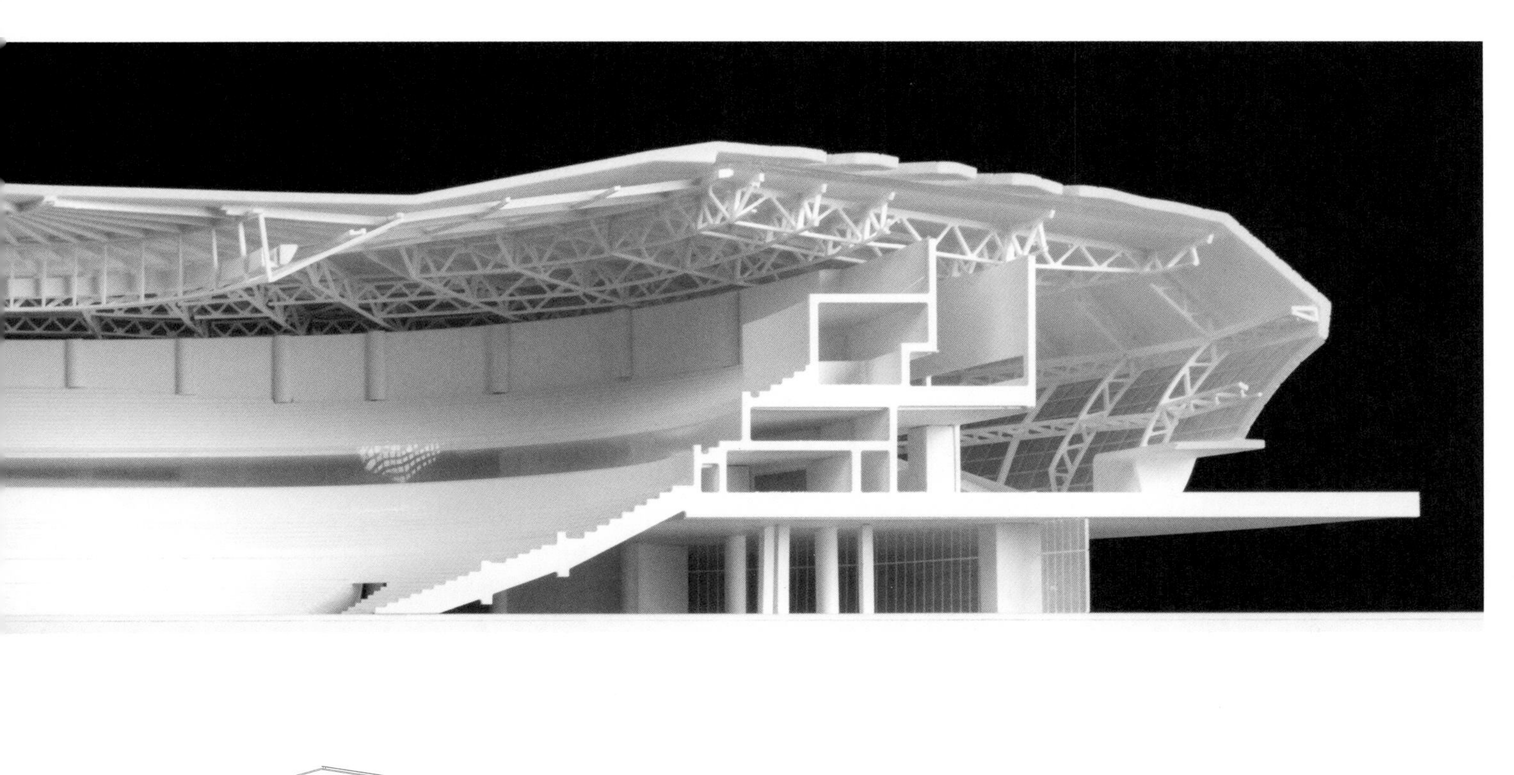

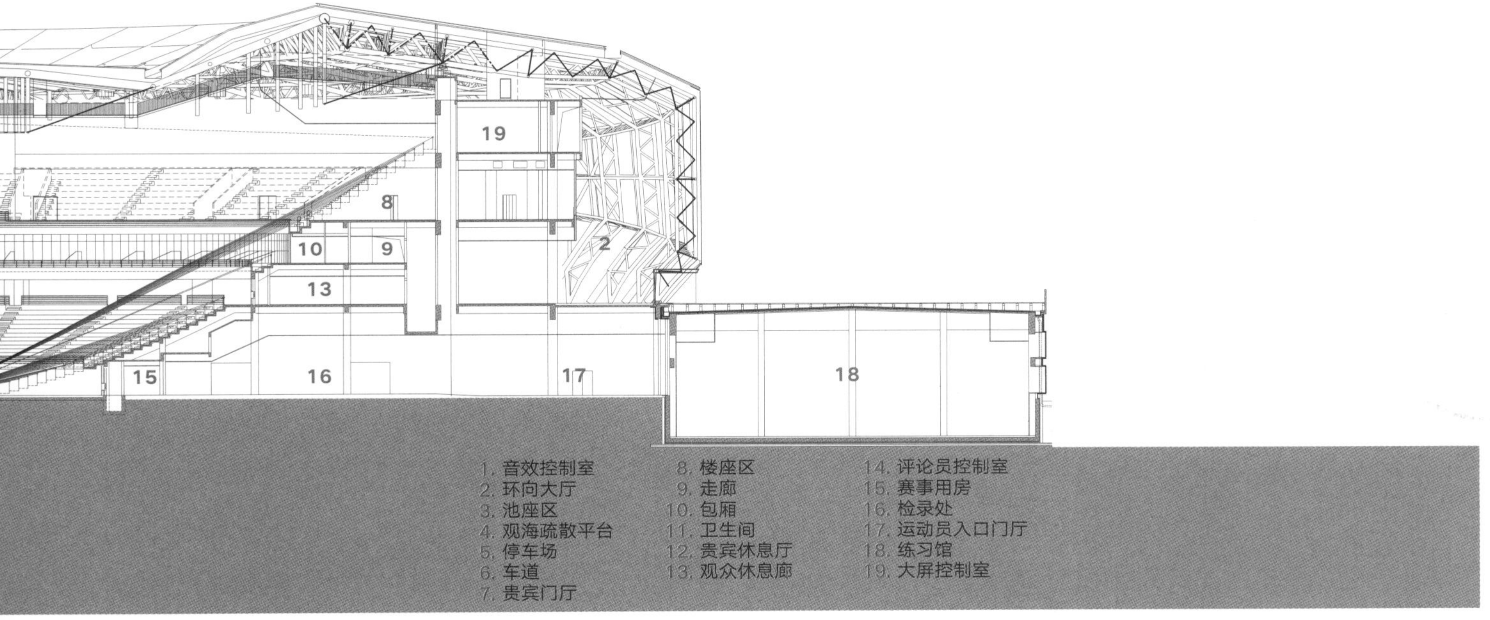
19
8
10
9
2
13
15
16
17
18
1. 音效控制室
2. 环向大厅
3. 池座区
4. 观海疏散平台
5. 停车场
6. 车道
7. 贵宾门厅
8. 楼座区
9. 走廊
10. 包厢
11. 卫生间
12. 贵宾休息厅
13. 观众休息廊
14. 评论员控制室
15. 赛事用房
16. 检录处
17. 运动员入口门厅
18. 练习馆
19. 大屏控制室

楼座看台区 C 值取值不低于 0.06m，池座看台区 C 值取值不低于 0.12m，形成碗状座席空间，与顶部的径向辐射钢梁与拉索体系、环状马道以及斗屏共同强化着空间的向心感。

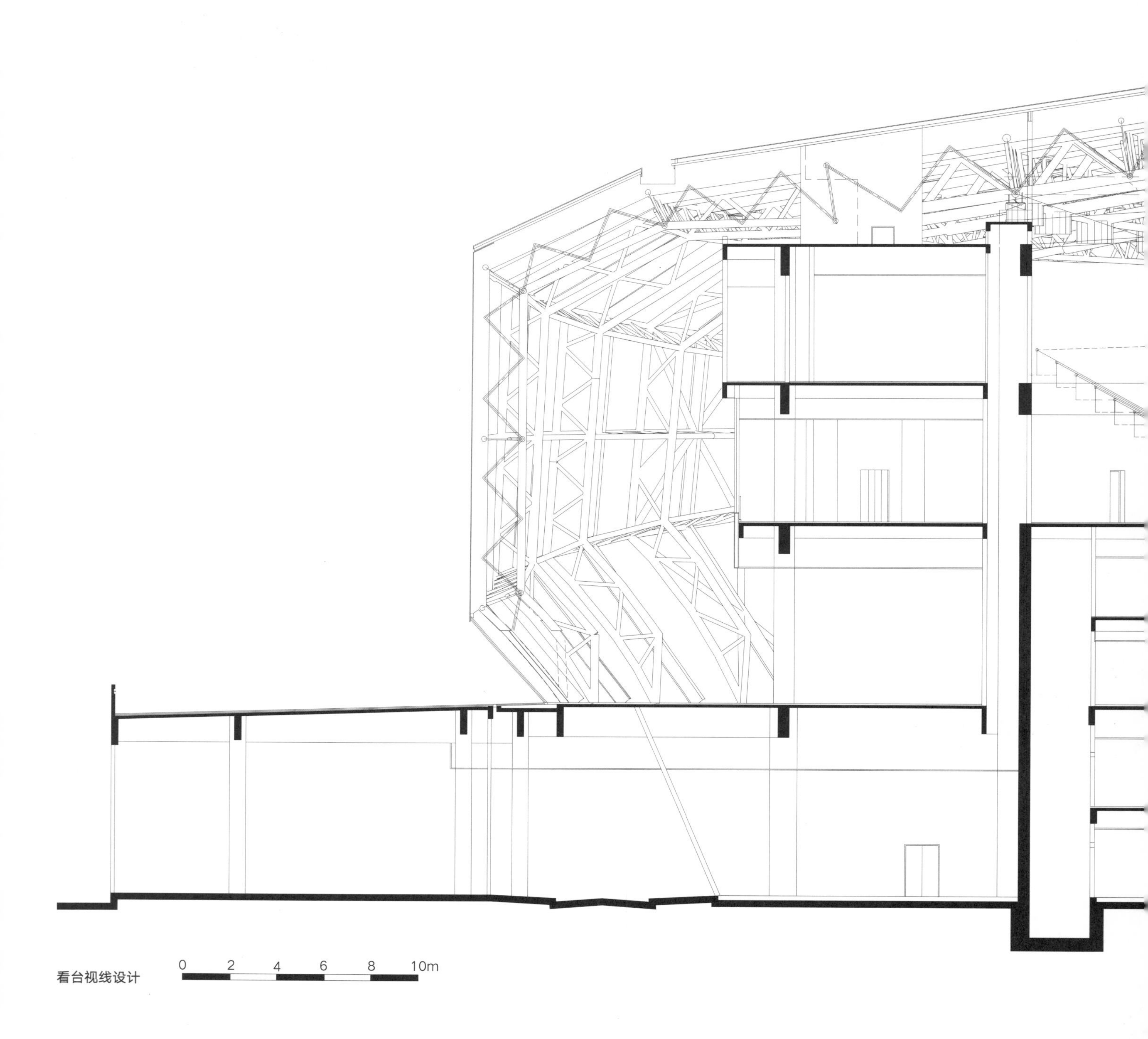

看台视线设计

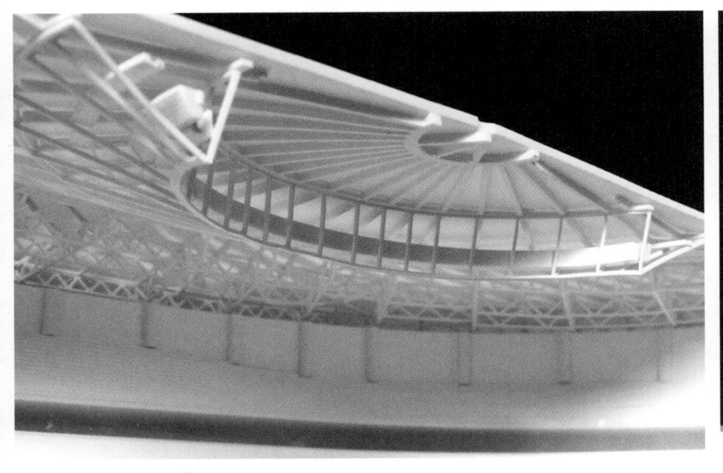

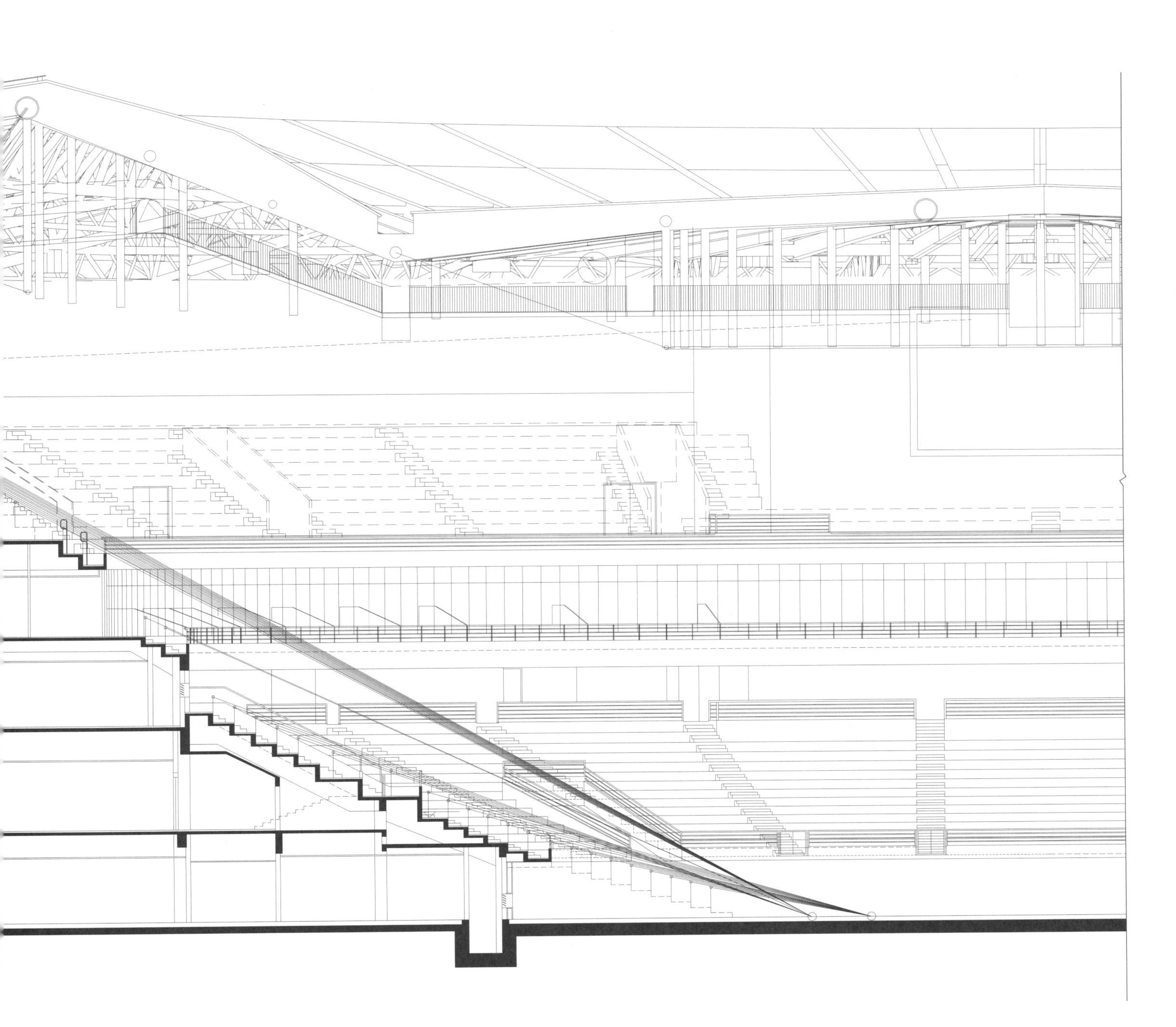

红黄座席

总座席数 14700 席，其中楼座看台 5732 席、池座看台 7814 席（含固定座席 5444 席和伸缩座席 2370 席）、包厢 54 间（共 928 席）、主席台 226 席。楼座、池座、包厢和主席台均设有残疾人座席，合计残疾人席位 70 席。座席色彩提取红岛的红色、黄岛的黄色两色形成马赛克效果，营造出温暖宜人的内场氛围。

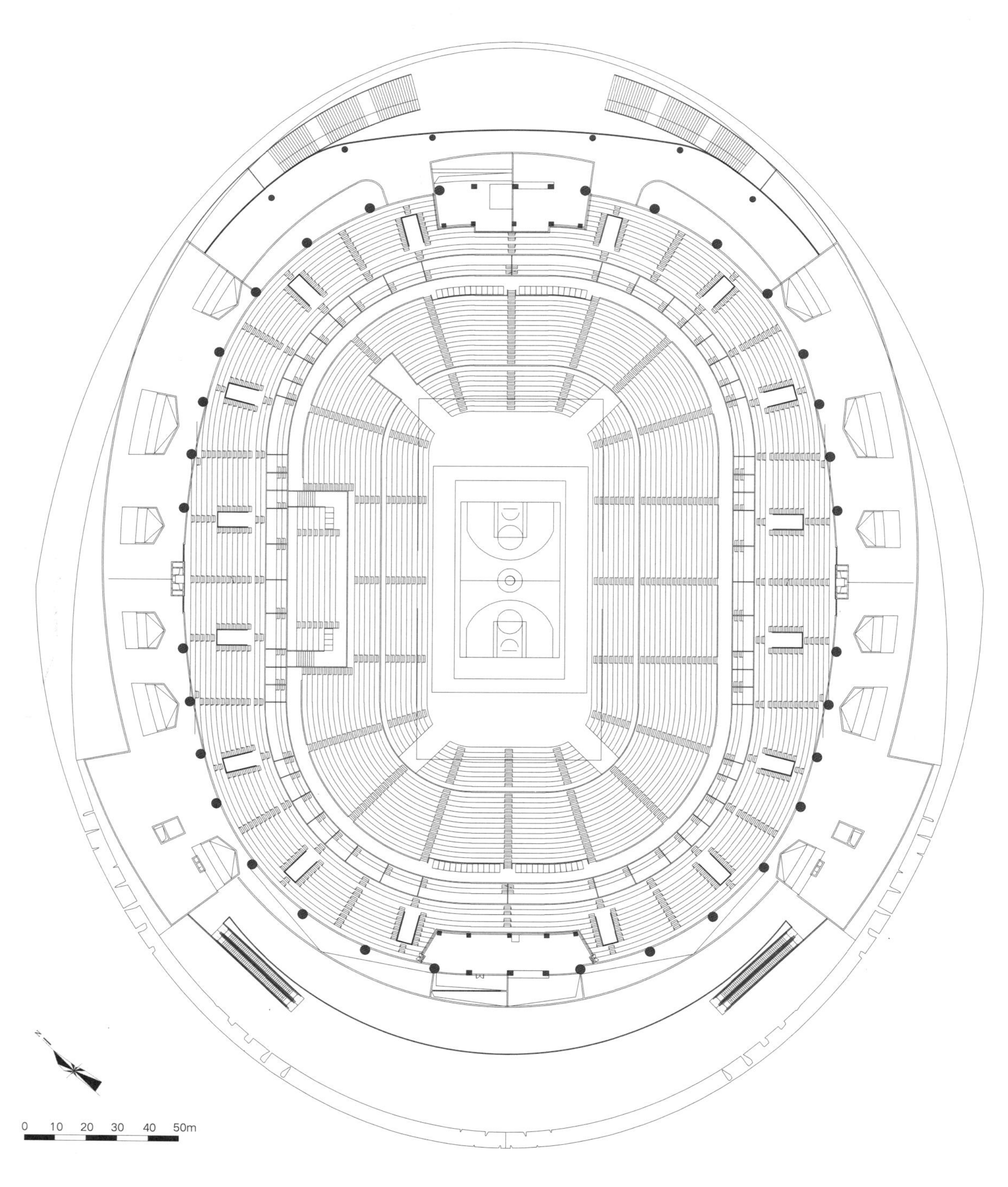

全看台座席平面图

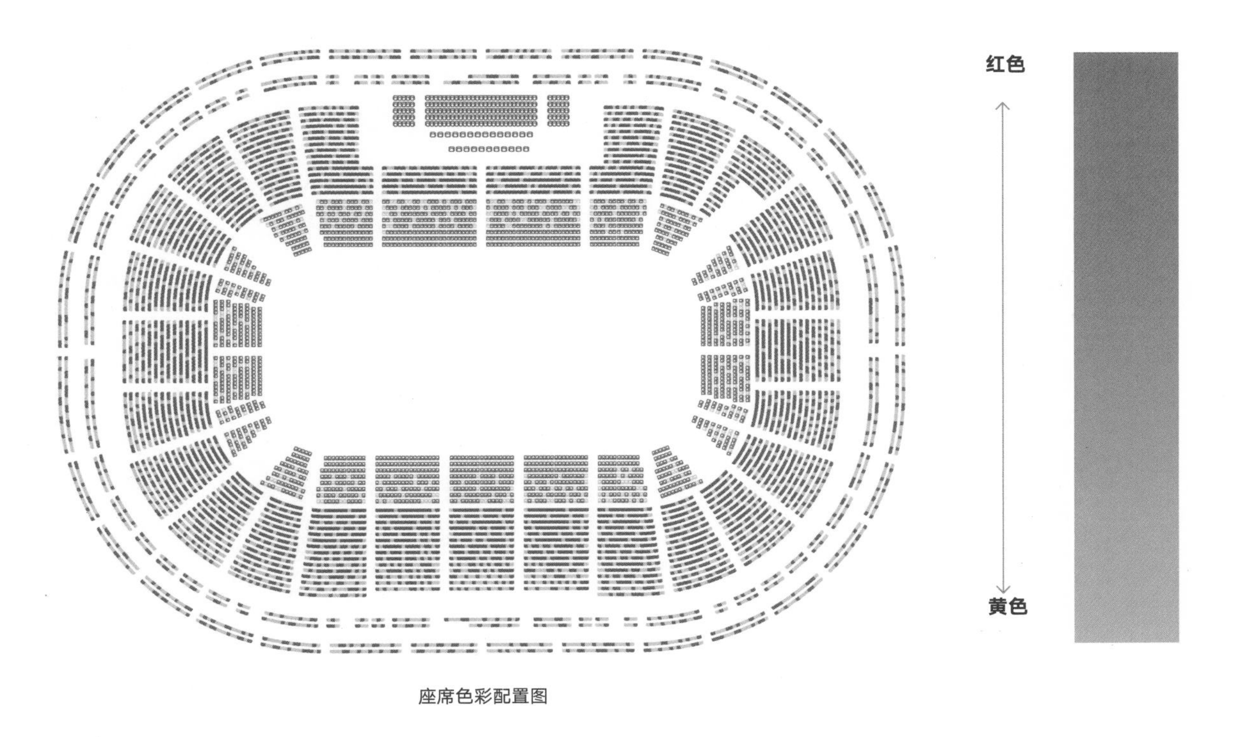

座席色彩配置图

厅堂声学

体育馆内混响时间（RT）、清晰度（D50）、失真度（RASTI）等声学指标计算，确定比赛大厅顶棚、侧墙等部位采用铝冲孔以及纤维增强水泥穿孔吸声板。通过对混响时间、声场分布、清晰度（D50）进行分析，保证声场分布均匀、保真度好、混响时间特性基本平直、馆内音质清晰明亮。

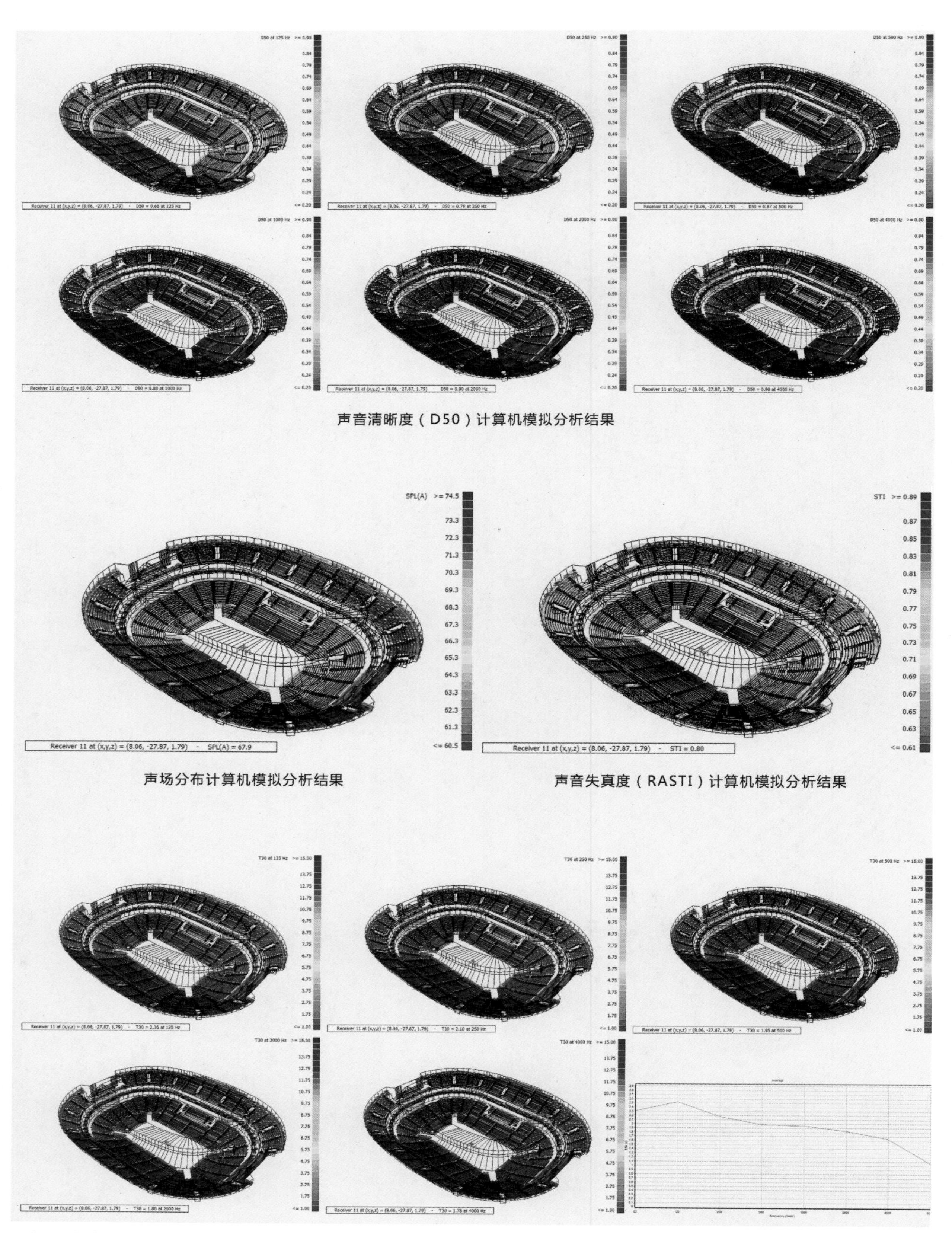

声音清晰度（D50）计算机模拟分析结果

声场分布计算机模拟分析结果

声音失真度（RASTI）计算机模拟分析结果

混响时间（T30）计算机模拟分析结果

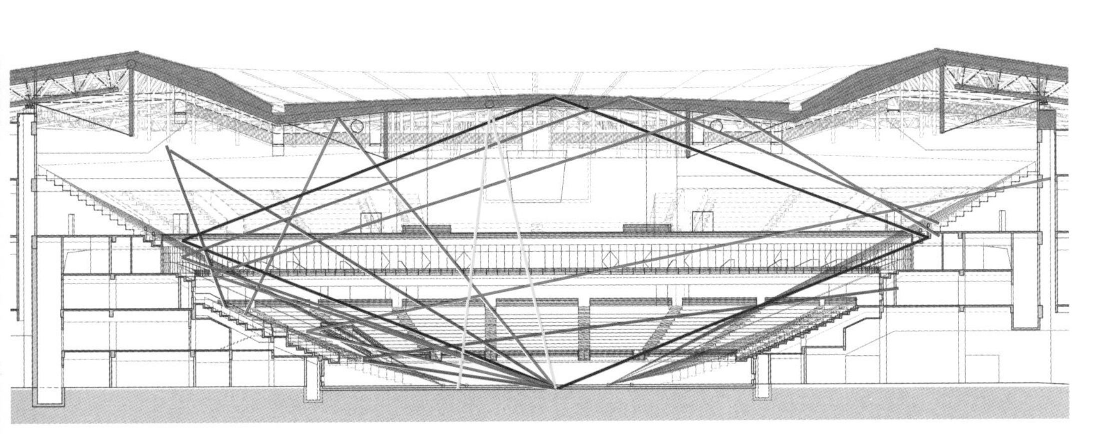

声线反射分析图

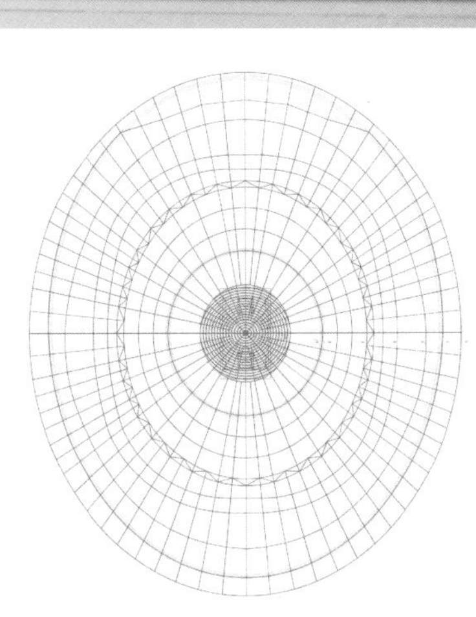

比赛大厅顶部吸声体布置示意图

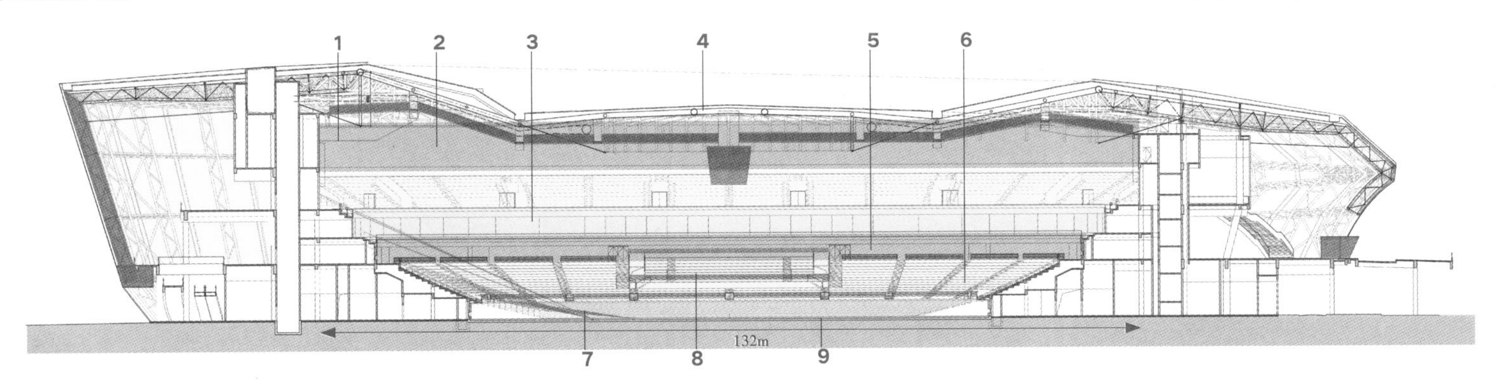

比赛大厅吸声构造分布示意图

1. 无缝吸声吊顶（12mm 厚冲孔石膏板，孔径 10mm，空腔≥ 200mm，内填无纺布一层包裹 50mm 厚离心玻璃棉毡，密度 $32kg/m^3$）
2. 纤维增强水泥穿孔吸声板（FC 板）（板厚 12mm，孔径 10mm，空腔 360mm，内填无纺布一层包裹 100mm 厚离心玻璃棉毡，密度 $32kg/m^3$）
3. 包厢立面玻璃
4. 铝冲孔吸声板（屋面板底层）（1mm 厚铝冲孔板，冲孔率 23%，孔径 4mm，空腔 200mm，内填无纺布一层包裹 70mm 厚离心玻璃棉毡，密度 $32kg/m^3$）
5. FC 穿孔板（板厚 10mm，孔径 8mm，冲孔率 15% ~ 18%，空腔 200mm，内填无纺布一层包裹 50mm 厚离心玻璃棉毡，密度 $32kg/m^3$）
6. 固定座椅，地面以清水混凝土刷漆
7. 活动伸缩座椅（软椅）
8. 主席台座椅（软椅）
9. 专业运动木地板

旋转螺贝

外部形态顺应环向大厅，于南侧落地，随着大台阶的引导，至北侧与观海平台相连。通过切削、转折与粘合等操作，形成螺旋贝壳状，兼具刚硬与柔美的动感态势。外帷以铝板与玻璃包裹，依附于主体钢结构之上，在晨曦、落日或阳光下，草坪、苗圃或水面上呈现出不同的场所情境。

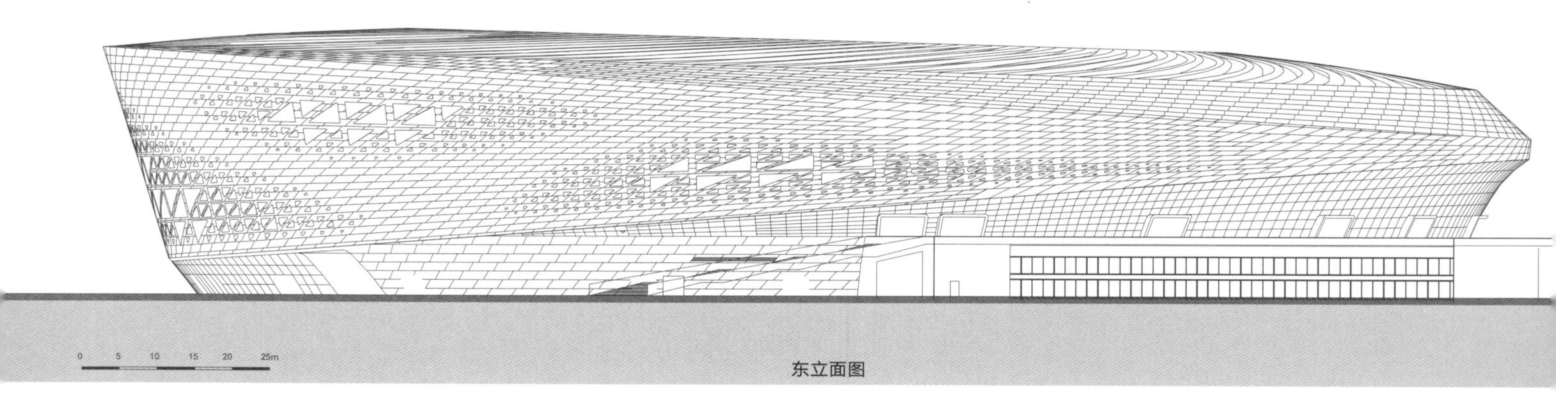

东立面图

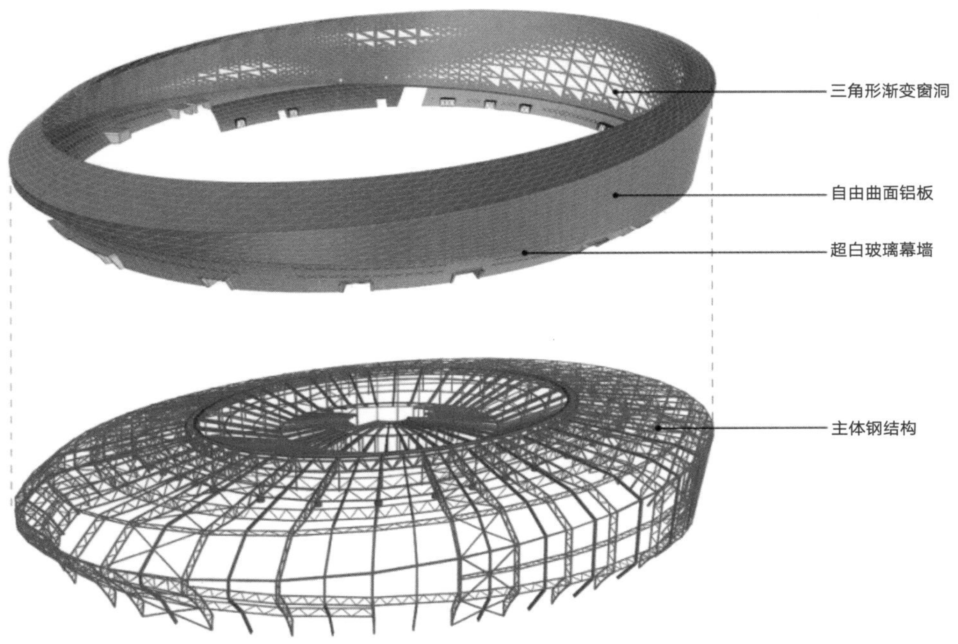

结构与外帷

悬挂结构

经过多方案比选，创新地采用轮辐式分布三段式型钢拉梁组合张弦系统、支座内缘辅以一道弦支系统的劲性悬挂结构系统，来实现长轴193m、短轴 153m 椭圆形钢屋盖的大跨度，统一了结构受力机理与建筑形态。

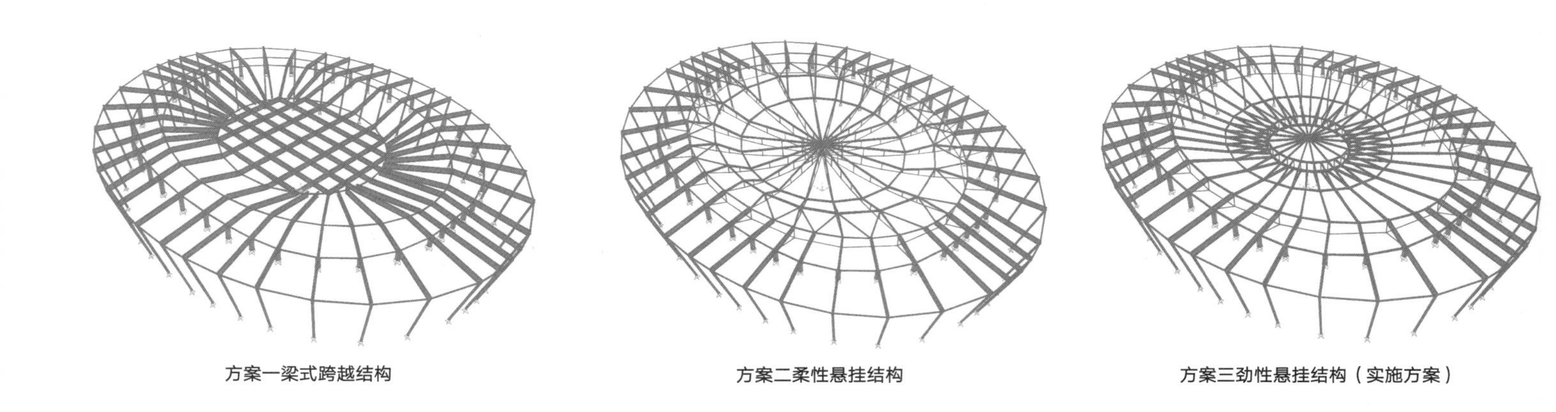

方案一梁式跨越结构　　方案二柔性悬挂结构　　方案三劲性悬挂结构（实施方案）

立面钢桁架系统：由径向布置的 40 榀平面“Г”形钢管主桁架组成，上端采用固定铰支座，由看台混凝土柱支承，继续向内悬挑，端部上下弦杆交汇，与屋盖受压外环钢管连接，桁架之间沿环向布置若干道次桁架，保证稳定性，也可作为屋面檩条或立面幕墙龙骨的支承点。

内部劲性悬挂系统：与主桁架悬挑端部相接的外环桁架位于屋盖最高点，环内部屋盖下凹，沿径向布置由下斜和平直段组成的 40 道 H 型钢拉梁，外端与受压外环以销轴铰接，向内汇交于直径 10m 的受拉内环上，钢梁之间设四道环梁，以加强钢梁的整体性。

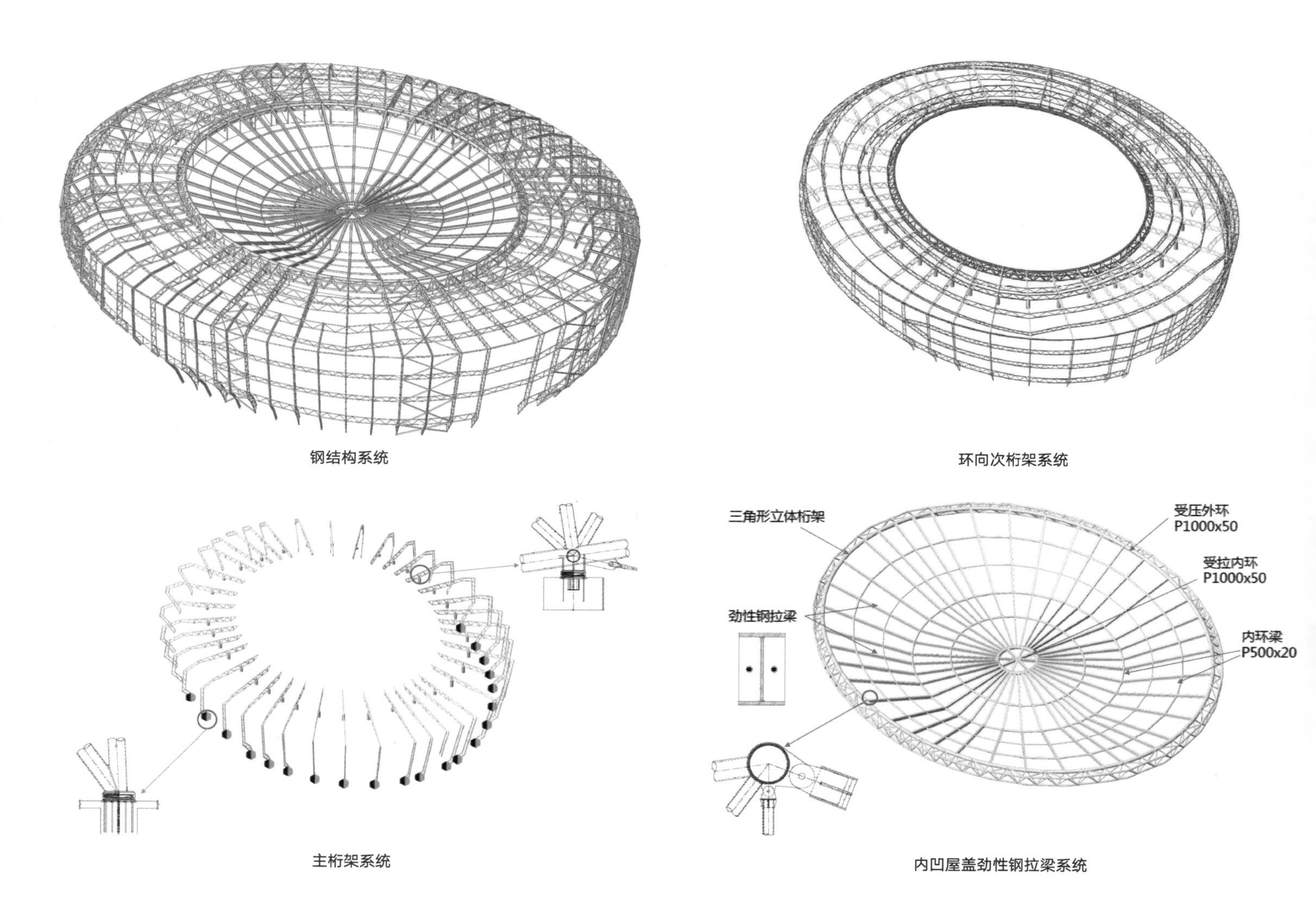

钢结构系统　　环向次桁架系统

主桁架系统　　内凹屋盖劲性钢拉梁系统

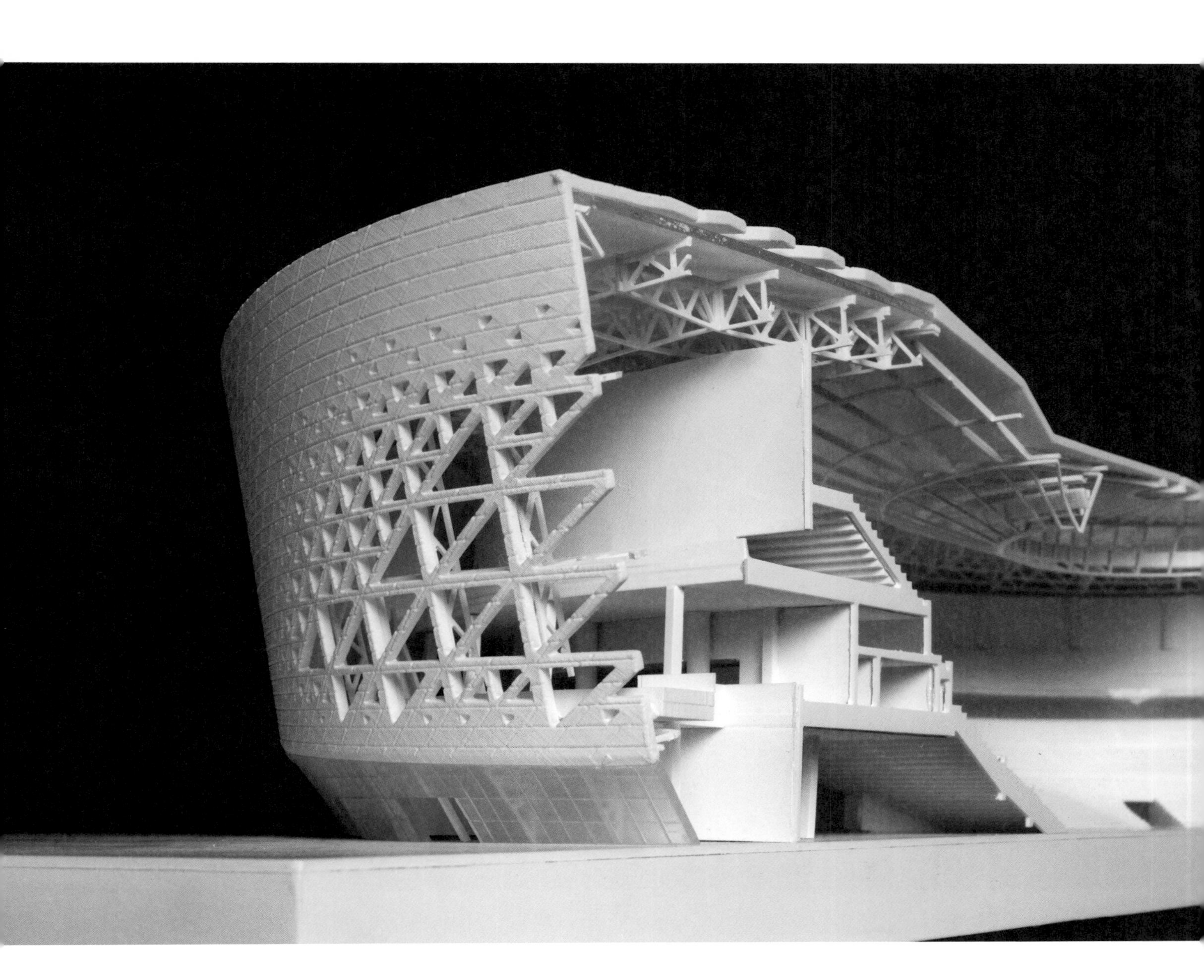

柔性拉索系统：外圈拉索系统位于受压外环以下的主桁架悬挑端部，环索通过撑杆与受压外环连接，并通过径向拉索与支座下弦钢管连接。内圈拉索系统由环索、径向索和撑杆组成，环索平面投影为以屋盖中心点为圆心、长轴为 36m、短轴为 32m 的椭圆。

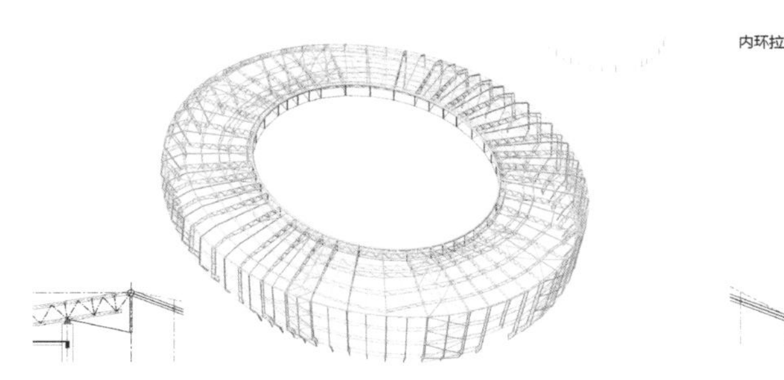

外围钢桁架系统 + 外围拉索系统

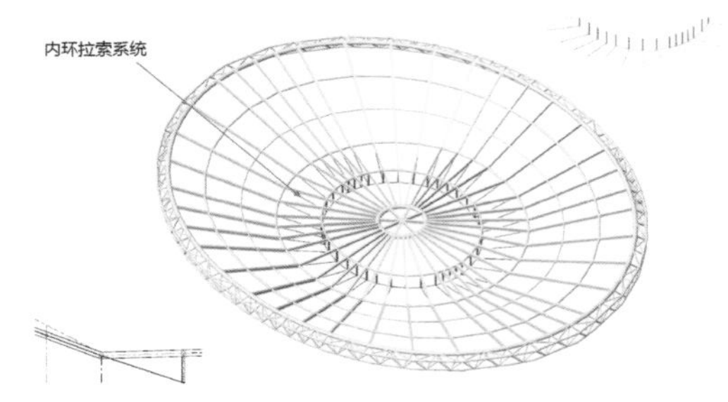

内凹屋盖劲性钢拉梁系统 + 内圈拉索系统

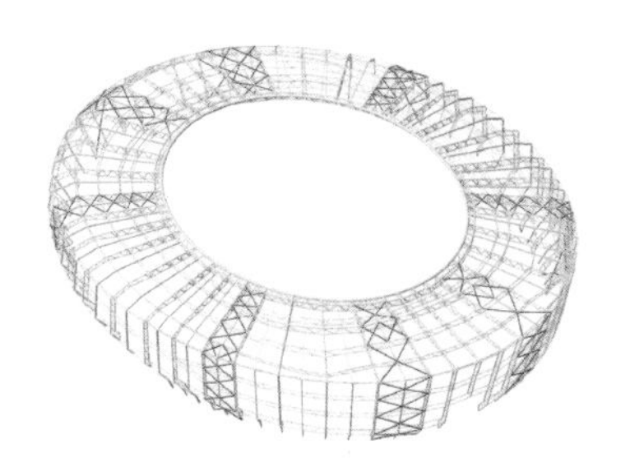

主桁架 + 环桁架 + 支承系统 = 外围钢桁架系统

支撑系统：主桁架间设置 8 道交叉支撑系统，从下端支座处到钢桁架悬挑端部，使整个外围的钢桁架系统形成稳定的受力体系，以抵抗风荷载及地震作用。

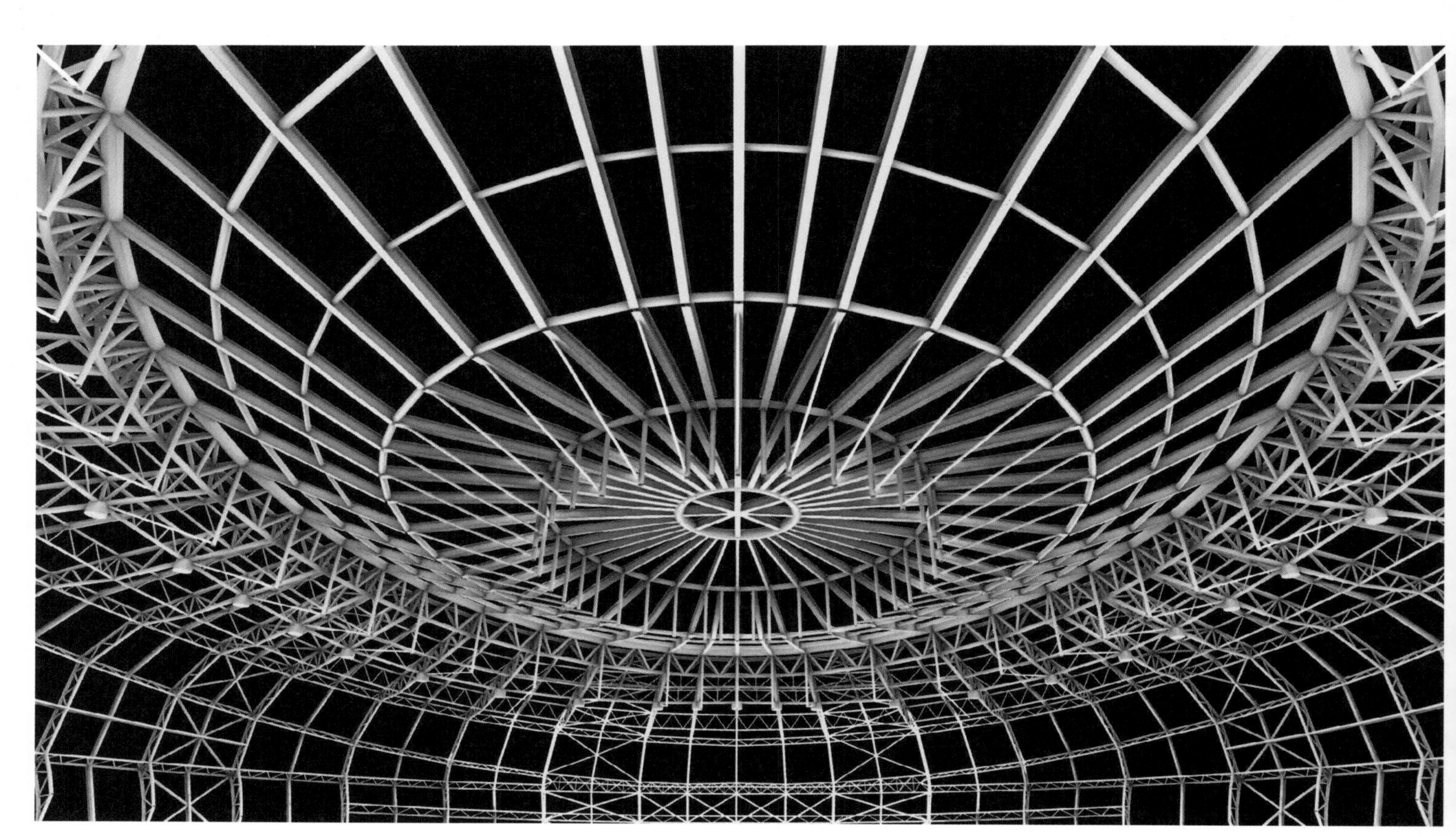

钢屋盖模型

同体育场类似，体育馆也通过结构风洞试验得到 50 年重现期建筑表面的风压力分布图，针对风吸力对轻型结构的安全影响进行抗风设计。

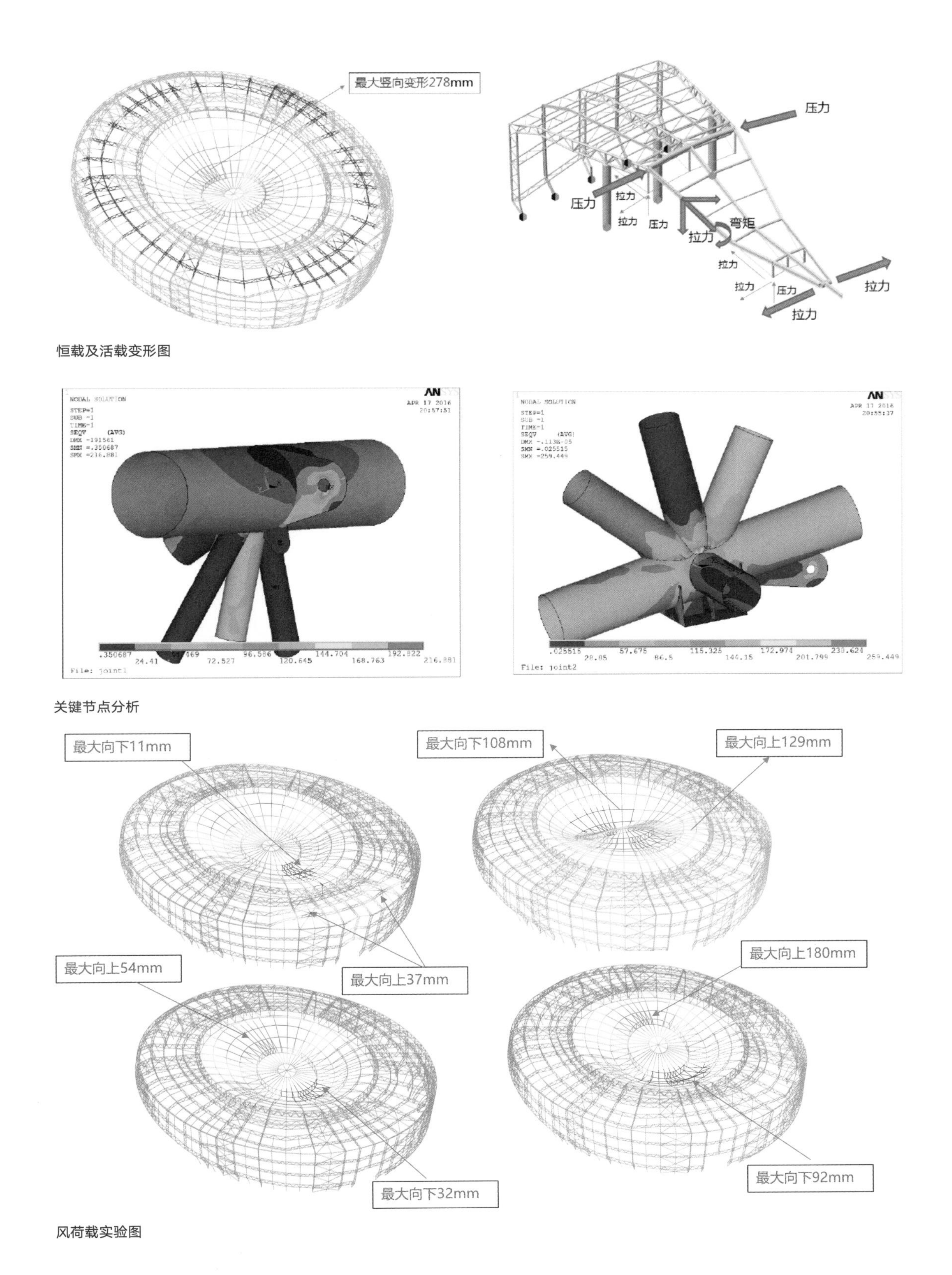

恒载及活载变形图

关键节点分析

风荷载实验图

此外，针对体育馆结构体系进行钢屋盖预应力张拉分析、钢屋盖积水和积雪承载力验算、防连续倒塌分析、极限承载力验算、楼板温度应力分析以及抗腐蚀专项设计等，确保结构体系在极端情况下不会发生破坏。

外帷系统

屋面采用直立锁边铝镁锰金属屋面系统，外圈屋面上覆螺旋状铝单板覆层，与立面铝单板幕墙连接为一体。

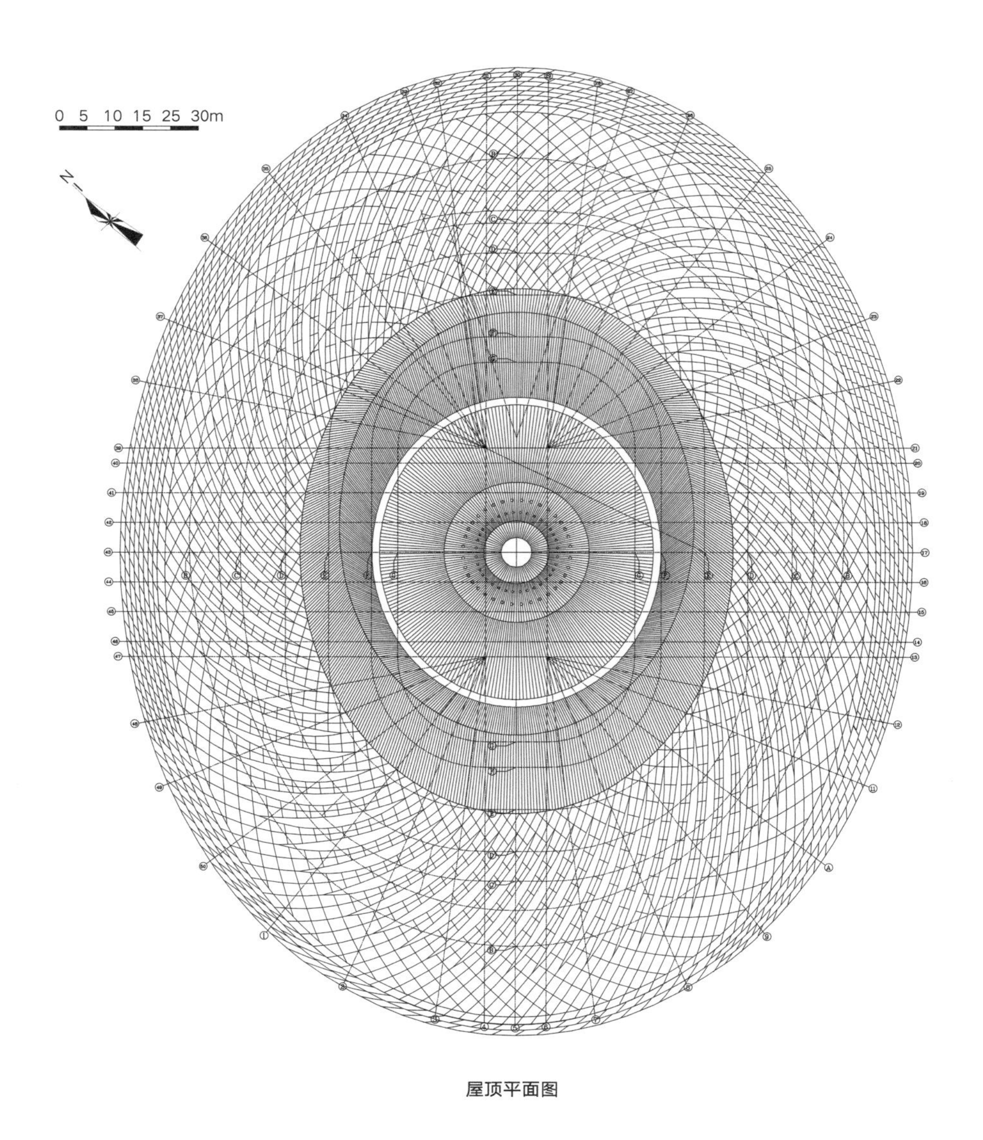

屋顶平面图

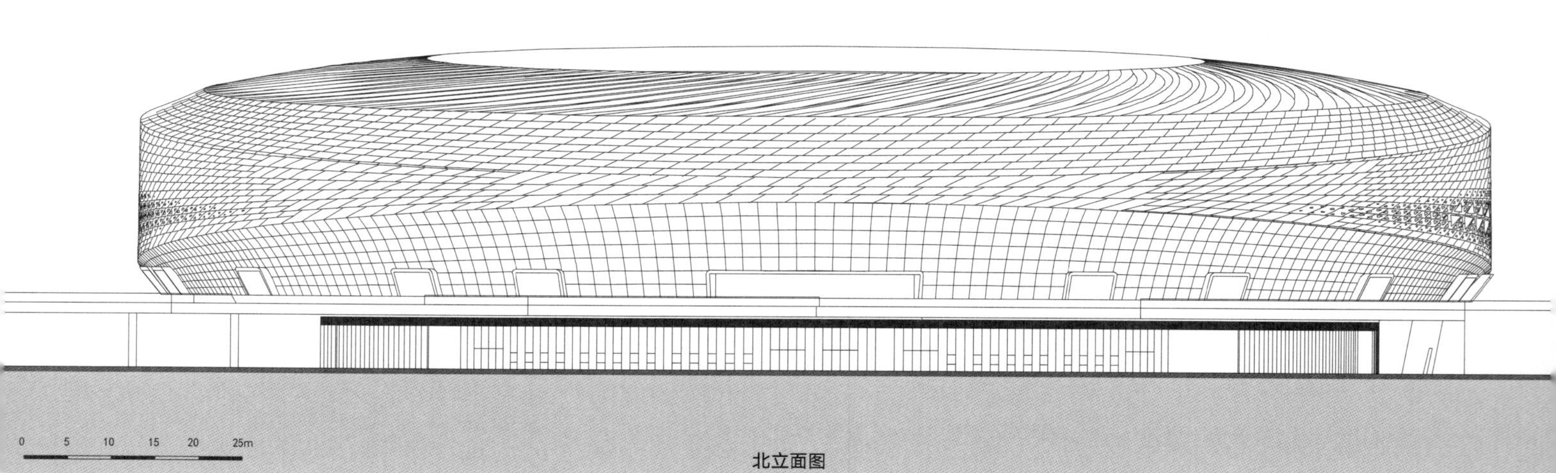

北立面图

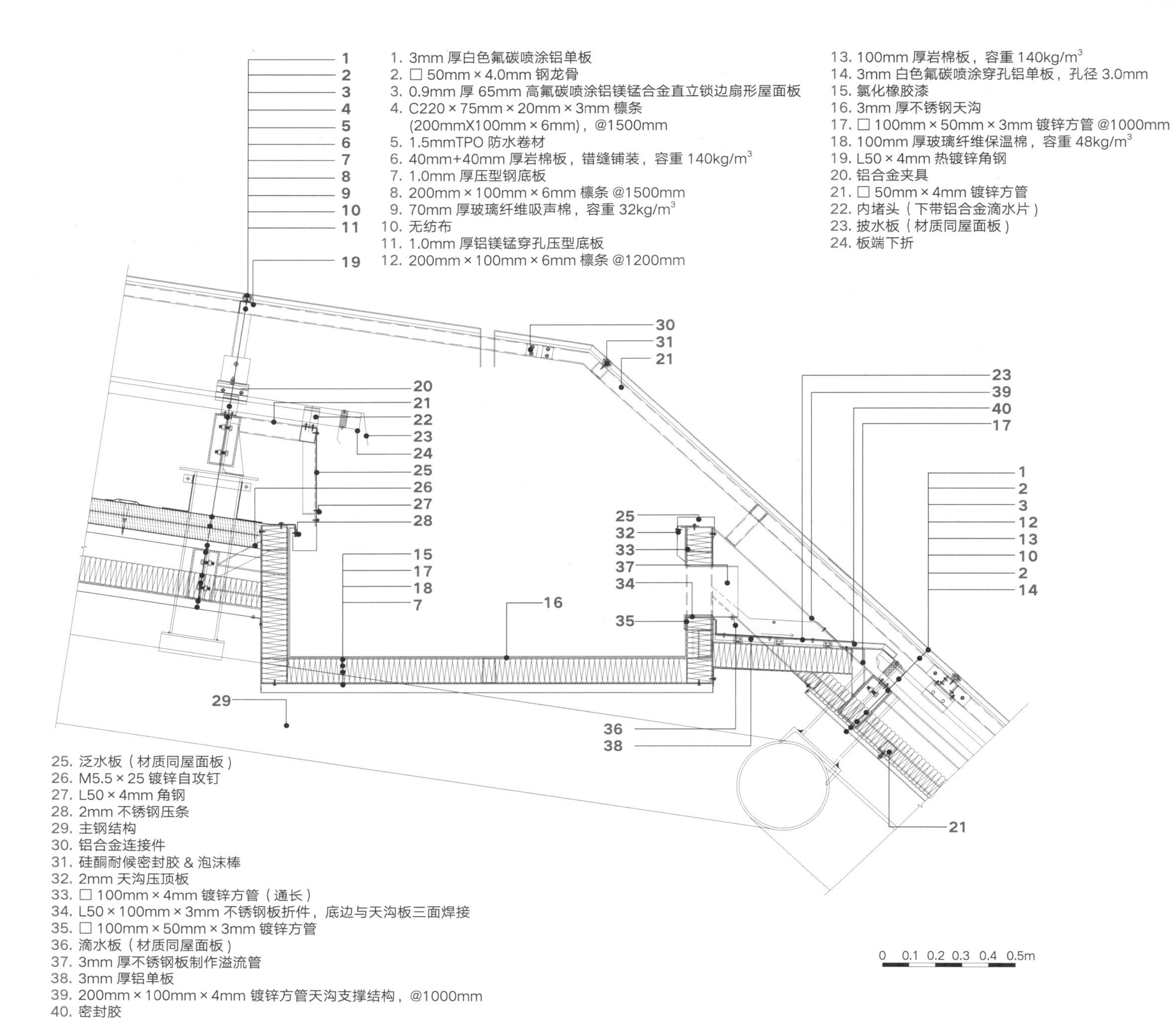

外天沟大样图

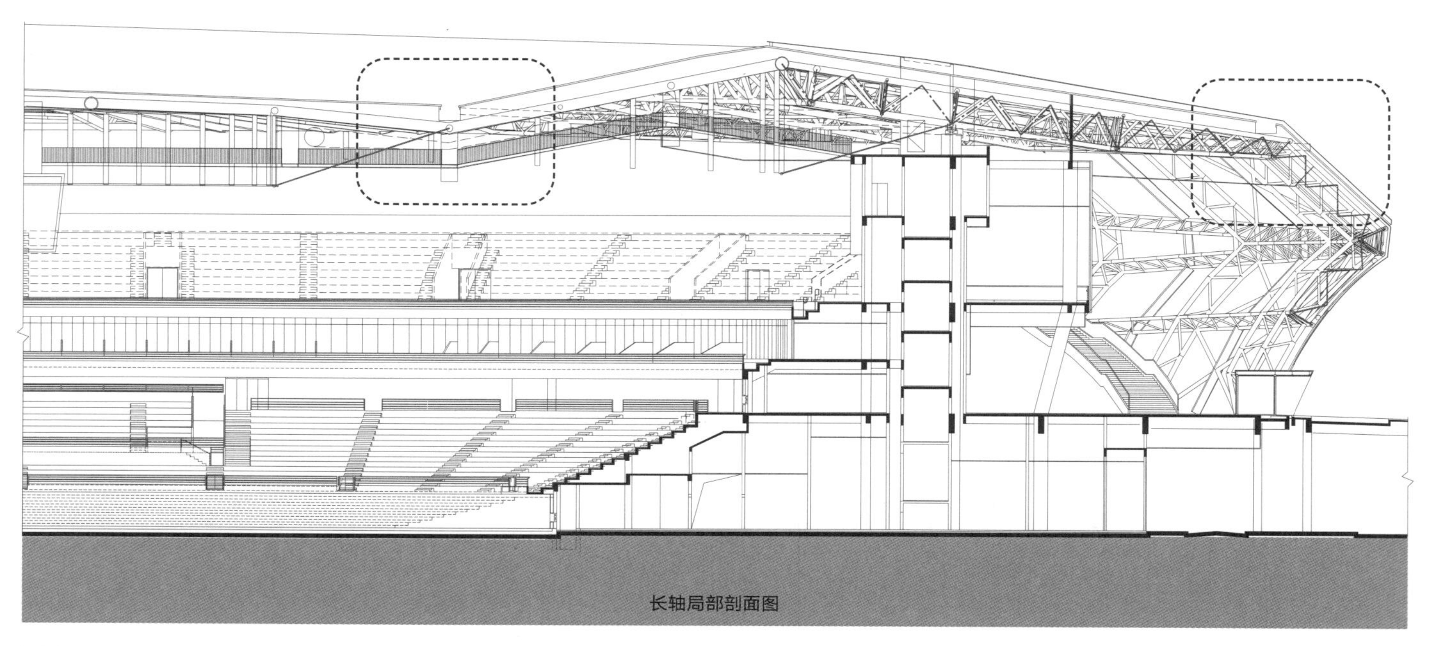

长轴局部剖面图

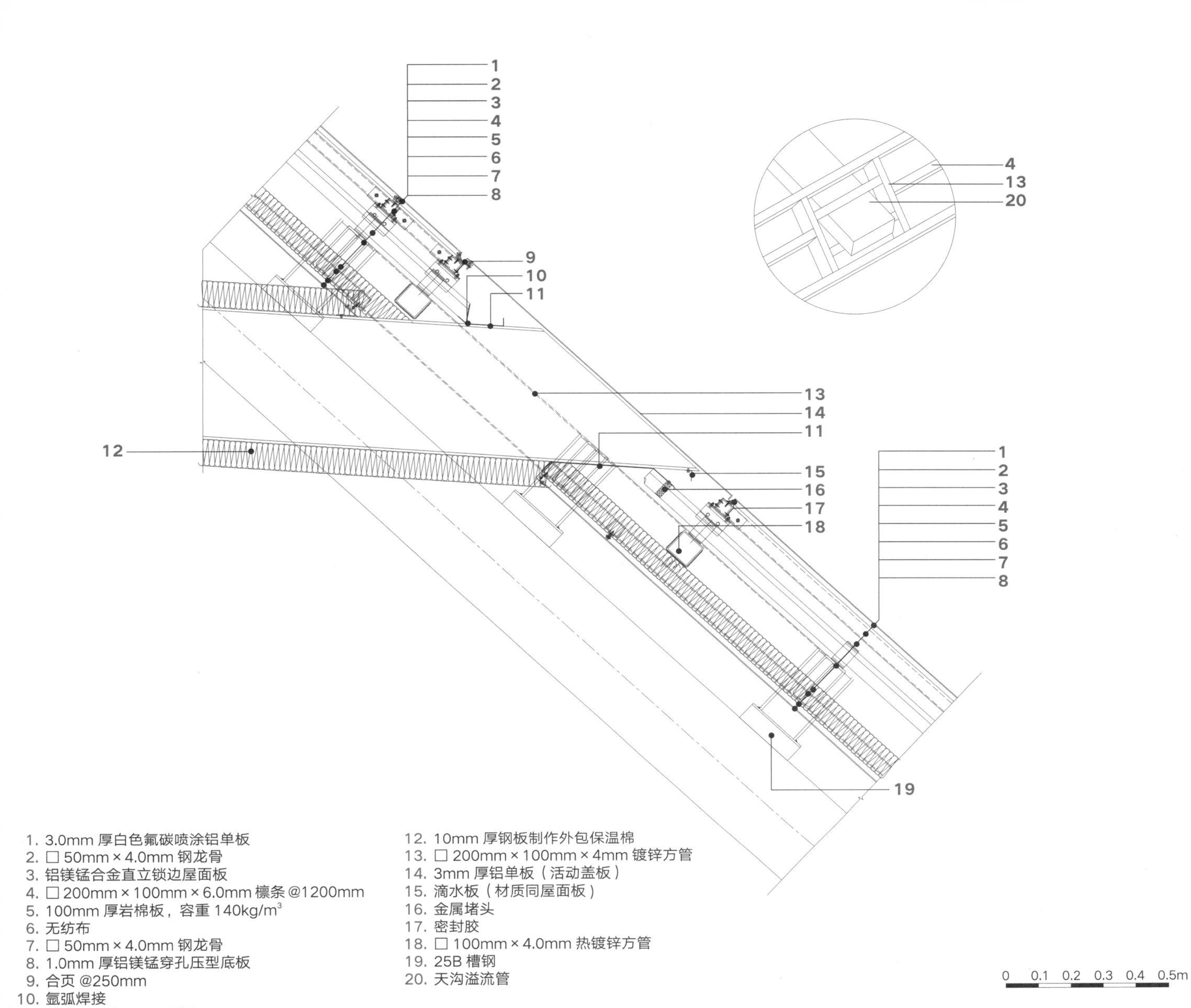

溢流管与屋顶幕墙交接节点图

场芯上方的内圈屋面设 1.5m 宽 0.8m 高的内环雨水沟，内置 12 个虹吸雨水口，两根 1m 宽溢水槽直通外幕墙，保障洪水季屋面排水的安全性。

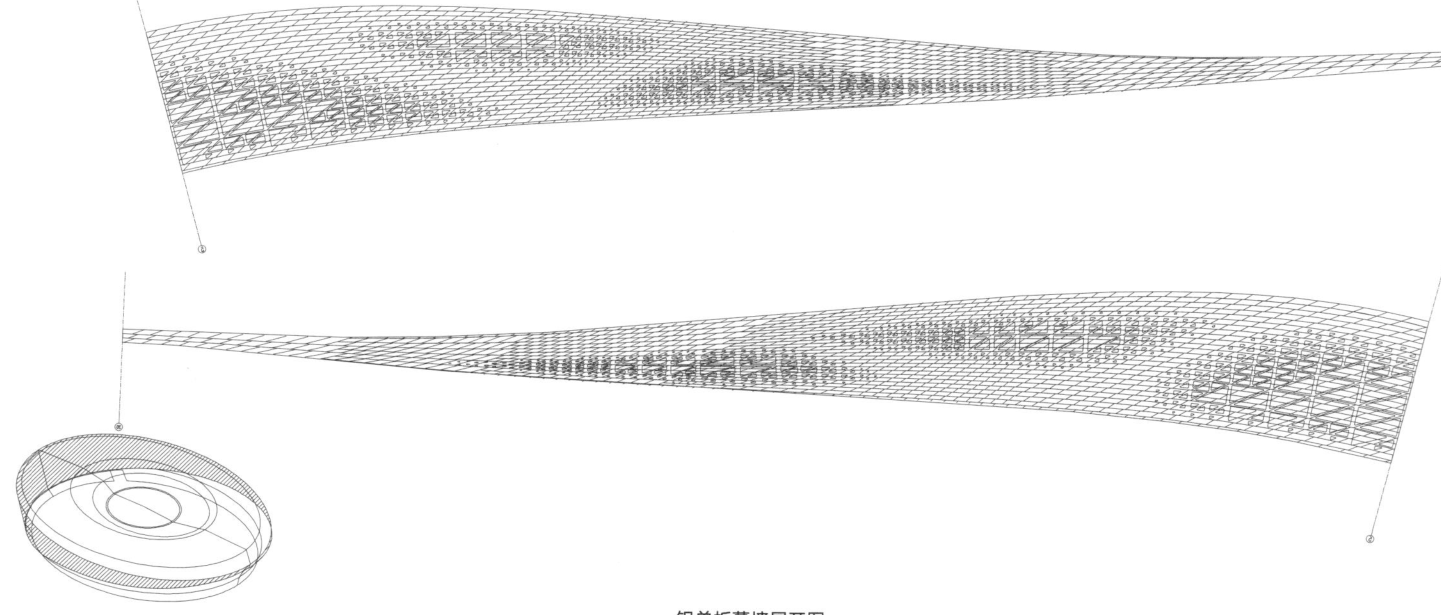

铝单板幕墙展开图

外立面为管桁架外挂保温与防水层一体的白色氟碳喷涂铝单板幕墙，其上开设三角形网格窗，白天与夜晚呈现出不同的效果。

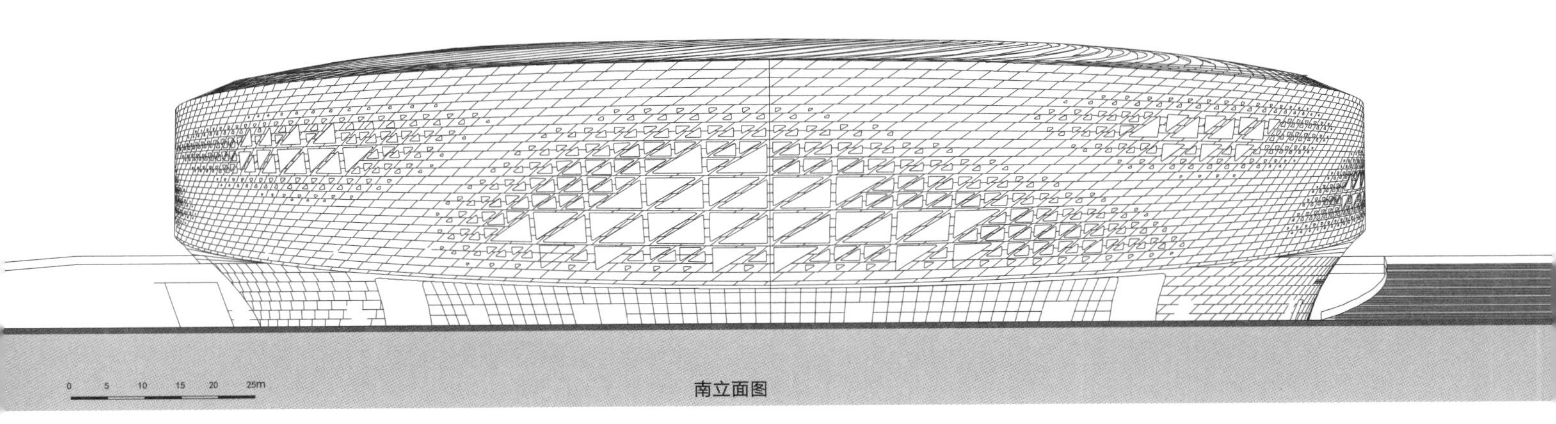

南立面图

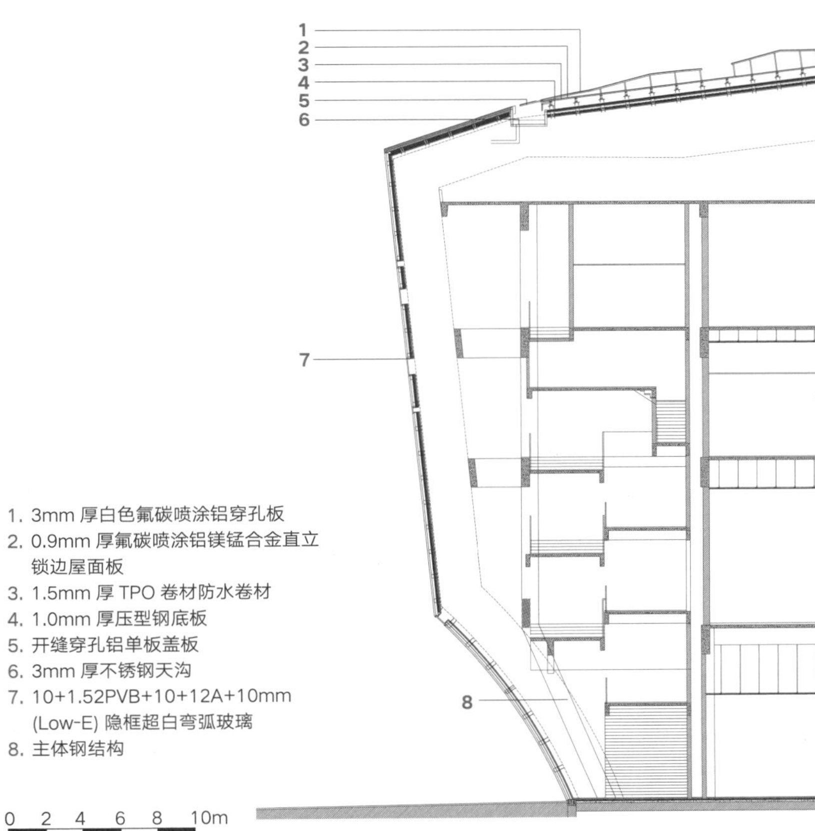
1
2
3
4
5
6
7
8
1. 3mm 厚白色氟碳喷涂铝穿孔板
2. 0.9mm 厚氟碳喷涂铝镁锰合金直立锁边屋面板
3. 1.5mm 厚 TPO 卷材防水卷材
4. 1.0mm 厚压型钢底板
5. 开缝穿孔铝单板盖板
6. 3mm 厚不锈钢天沟
7. 10+1.52PVB+10+12A+10mm (Low-E) 隐框超白弯弧玻璃
8. 主体钢结构
0 2 4 6 8 10m

墙身剖面图

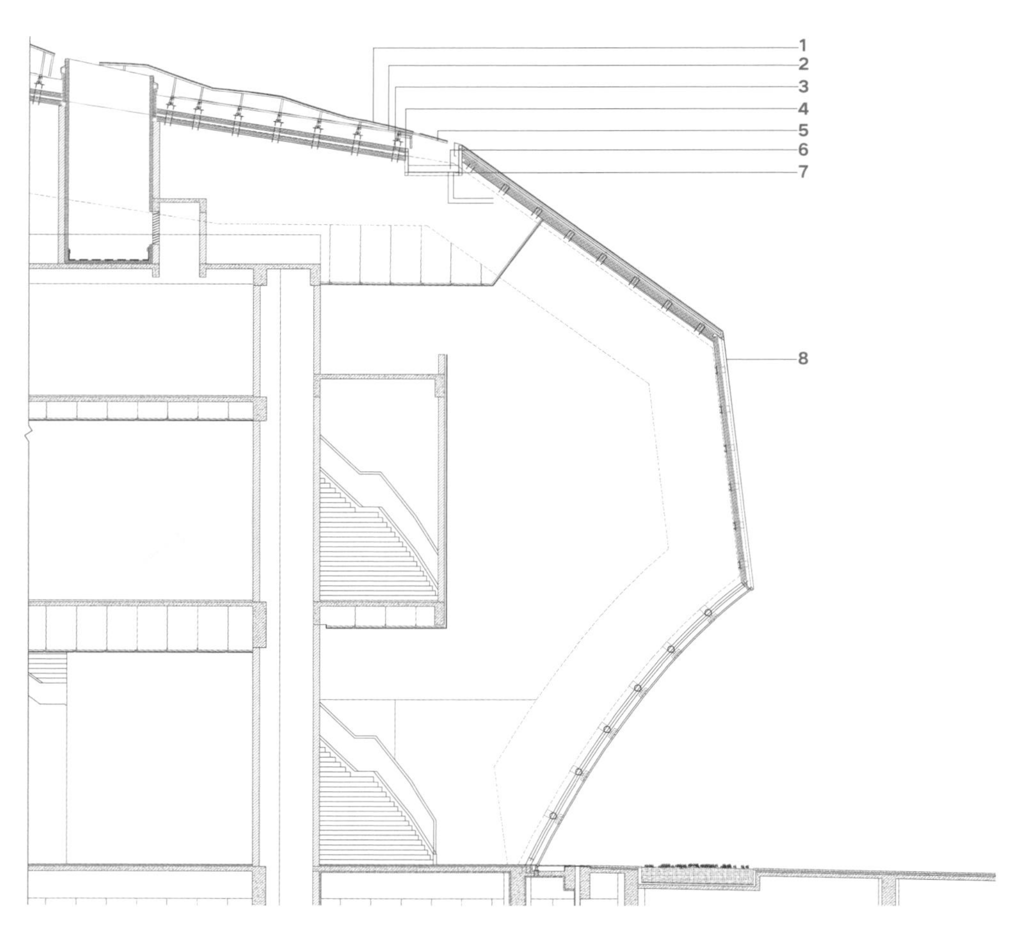

1. 3mm 厚白色氟碳喷涂铝穿孔板
2. 0.9mm 厚氟碳喷涂铝镁锰合金直立锁边屋面板
3. 1.0mm 厚压型钢底板
4. 下层热浸锌檩条 @1500mm
5. 开缝穿孔铝单板盖板
6. 3mm 厚不锈钢天沟
7. 天沟虹吸坑底
8. 3.0mm 厚白色氟碳喷涂铝单板

墙身剖面图

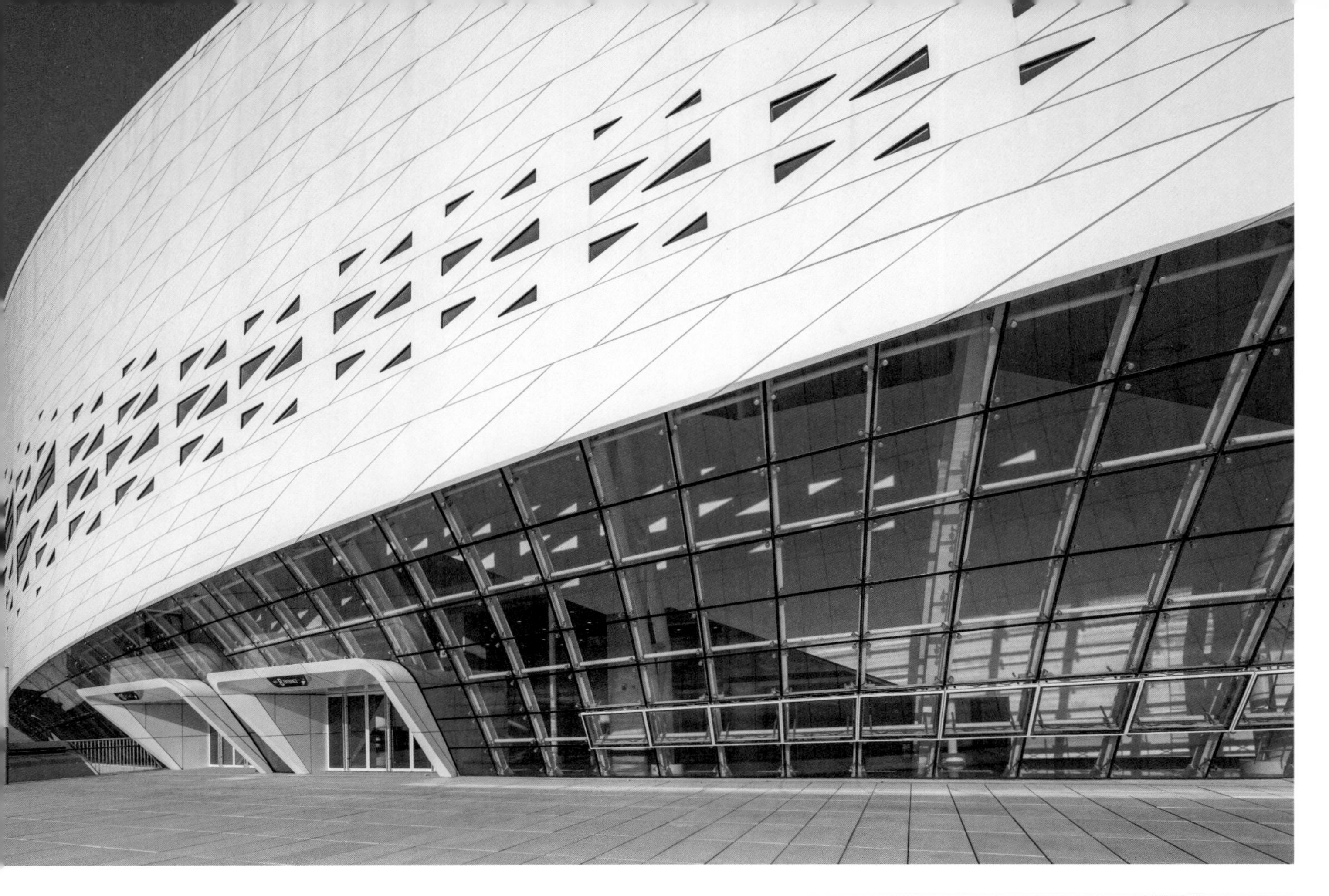

北立面采用管桁架点支式曲面超白玻璃幕墙系统，下部嵌入白色铝合金门套，透明与不透明交相辉映。

消防性能化设计

Fire Safety Strategy

本项目运用消防安全工程学的原理进行防火设计优化研究，主要为：认定体育场、馆为多层建筑性质；研究论证体育场首层内环道、罩棚内二至四层观众休息平台的安全性及疏散方式；提出体育场罩棚开孔率不小于 25%，各平台设置自动喷水灭火系统、火灾自动报警系统；体育场内环道设置足够数量的安全出口；论证体育馆超过 5000 m²的比赛场地（含观众席）、休息厅防火分区的划分方法；体育馆一层设置避难通道、休息厅分为南北两个分区、设置封闭式疏散楼梯间等优化措施，并进行各种疏散场景的模拟，确保了设计的安全可靠性。

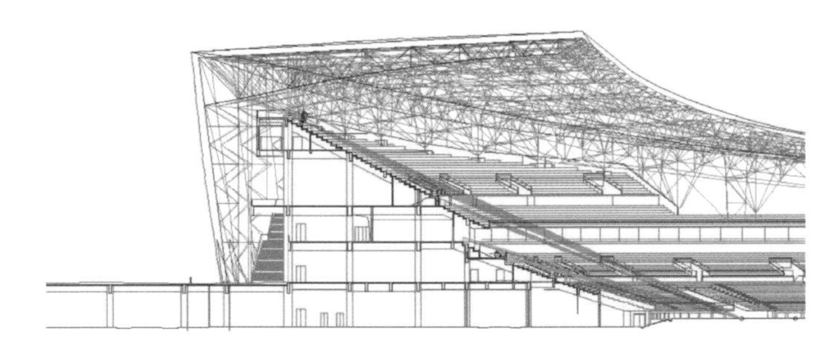

体育场疏散体系

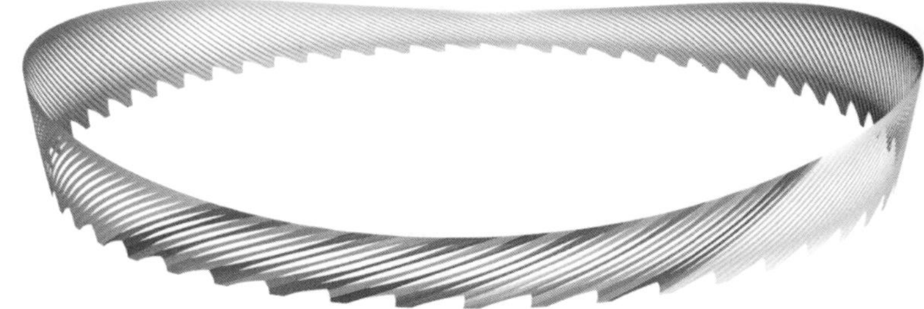

体育场立面开孔率

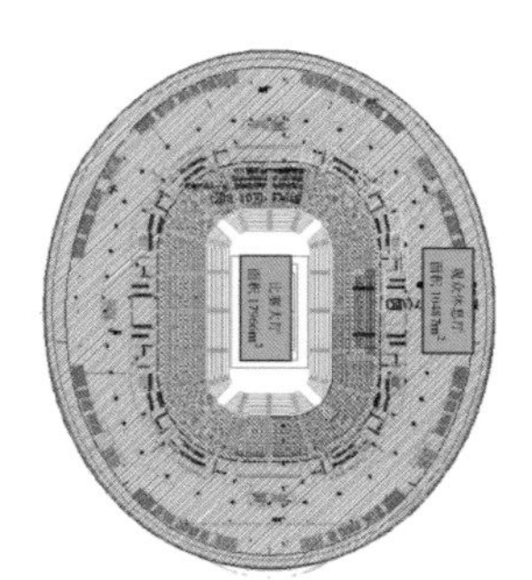

体育馆防火分区示意图

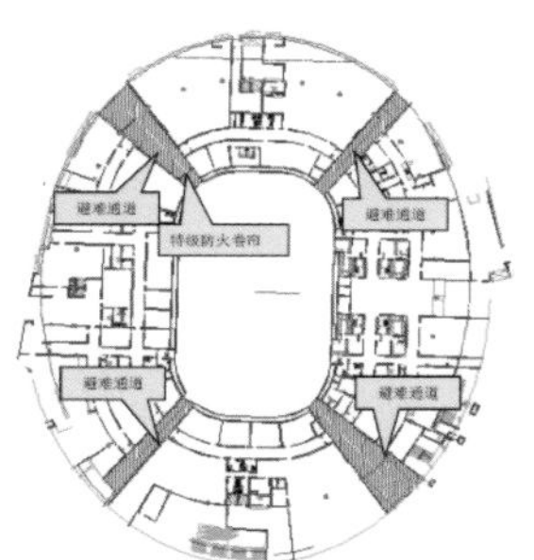

体育馆首层防火设计

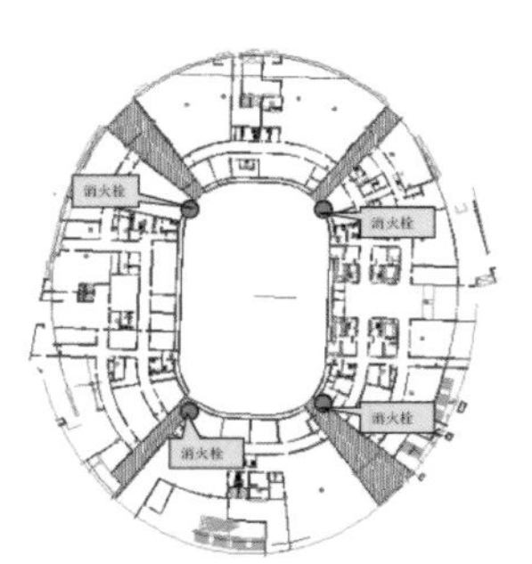

体育馆首层专用通道消火栓设置

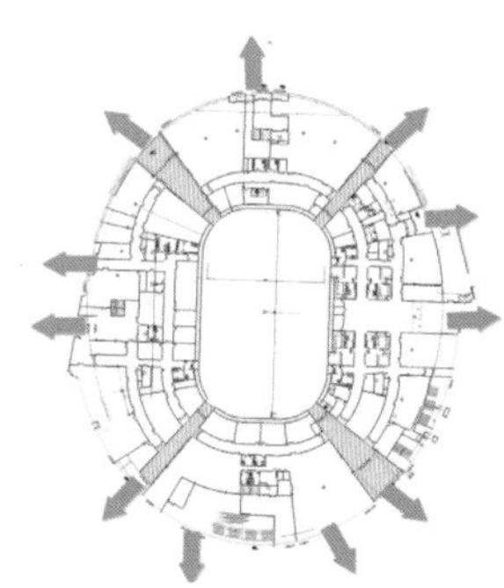

体育馆 0.0m 安全出入口示意图

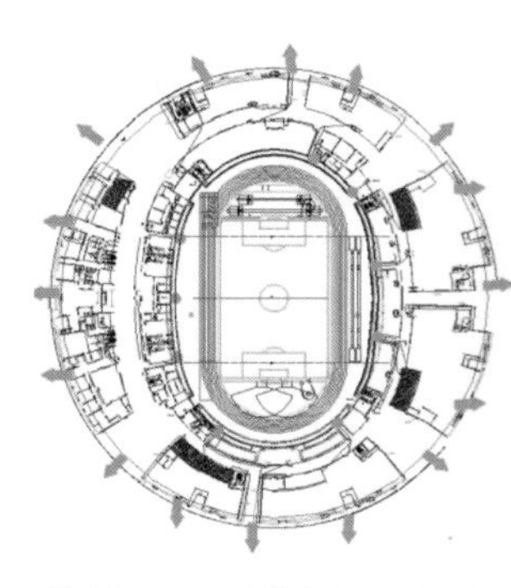

体育场 0.0m 安全出入口示意图

体育馆溢流管

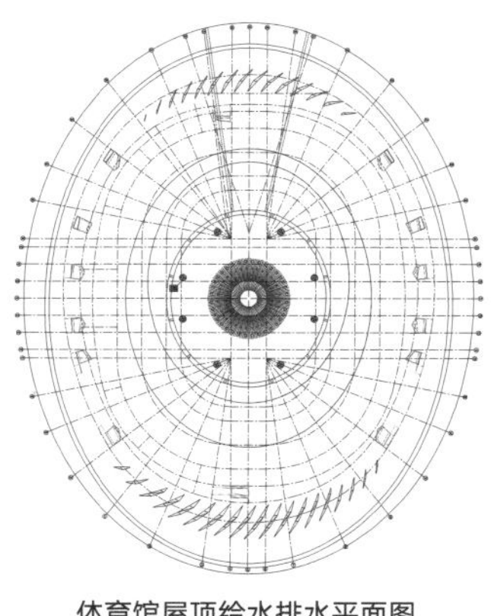

体育馆屋顶给水排水平面图

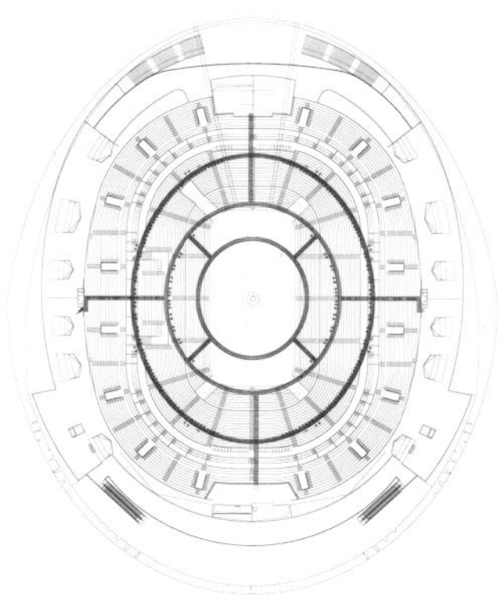

体育馆马道层照明平面图

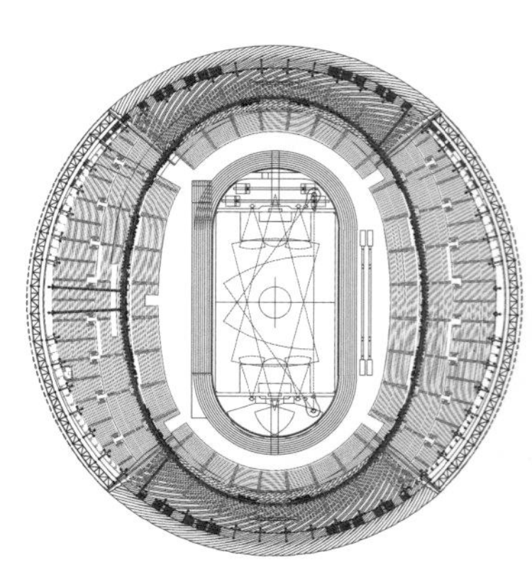

体育场马道层照明平面图

机电工艺

MEP Systems

给水排水

采取多项绿色与可再生能源技术，场馆的运动员淋浴、公寓等用房分别采用集中热水供应系统，热源采用太阳能和能源站高温热水。在景观绿地集中设置闭式承压太阳能集热器，最大限度地利用太阳能资源。太阳能热水系统采用太阳能集热优先控制方式，减少城市热网的需求量。通过结合景观绿地微地形做下凹绿地，直接利用土壤入渗回用雨水，停车场与硬质铺装区域采用透水砖、植草砖等多种方式实现雨水回灌，补充地下水。在室外设置集中雨水收集净化系统，经二次处理的雨水可作为冲洗广场、道路及绿化用水。

针对场馆起伏的外圈屋面采取建立数字模型的方法，协调排水天沟标高，科学划分汇水区域，以虹吸雨水系统排水。针对体育馆中部高差 8m、面积 6600m^2 的下凹屋面，设置 3 套雨水系统，分别为虹吸雨水系统、87 型雨水系统及溢流系统，降雨时依次启动。下凹屋面设置内环雨水天沟，内置 12 个虹吸雨水口、12 个 87 型雨水口及两根 1m 宽溢水槽通往外立面，保障屋顶结构和屋面排水安全性。体育场比赛场地设置 24 个喷洒器与内环沟快速取水阀，保证草坪与冲洗跑道用水需要。场地雨水排放采用排渗结合的排水方式，最终通过外环沟引出排水管道汇入场外雨水管网。

暖通空调

冷热源设计根据场地能源状况设置两个能源站，分别位于建筑北侧和体育场东南平台下，承担项目全部供暖供热及场馆空调供冷。空调冷热源来自能源站提供的 6/13℃空调冷水、95/70℃一次热水。场馆南区及北区分别设换热机房一处，夏季供冷采用与能源站供冷管网直连二级泵系统，冬季供暖采用热交换机组与能源站供热管网换热，提供 60/45℃的空调热水。空调水系统采用双管制系统，分区设置回路，冷热水分设变频控制的循环泵，末端设置电动水阀。体育馆休息大厅与比赛大厅等特殊空间进行性能化防火设计，运用消防安全工程学原理进行分析论证，设置机械排风排烟系统，并于顶部及屋顶设置排烟机房与风机，隐藏于建筑屋顶之下，保证了建筑形态的纯净性。两厅均采用低速风道全空气空调系统。其中，环向大厅根据空间形式采用地面送风、顶送风、侧送风多种送风形式；比赛大厅内分区设四或八组空调系统，其中下层看台观众席采用座位送风，观众席侧面回风，送风温差 5℃；上层看台观众席采用旋流风口顶送风，上侧部回风；场地侧面回风，以喷口顶送风至场地上空环形风道，根据比赛类型调节机组运行台数及送风量进行送风，保证场地风速控制在允许范围。

智能化

大型体育场馆具有别于其他建筑的自身功能特点，其智能化设计不仅要对各智能化子系统进行最优组合，实现体育场馆的信息化和智能化，还要充分考虑与体育赛事相关支持系统设计的合理性和稳定性，以保证重大赛事顺利举办。

本工程设计内容包括：火灾自动报警及消防联动控制、广播、通信接入、信息网络、电话交换、综合布线、有线电视、安全技术防范、智能卡应用、建筑设备管理、建筑能效管理、信息导引及发布、机房设计、建筑物电子信息防雷接地等子系统和三维可视化运维管理平台。通过完善的系统设置，构建完整、先进的智能化保障体系与环境，如：稳定的火灾自动报警及联动控制、专业的竞赛设施管理、先进的千万像素级超高清视频监控；采用移动信号（5G）和无线信号（WiFi6） 覆盖、模块化机房和可视化运维管理平台等新技术，兼顾赛时与赛后综合利用；通过建筑设备监控系统对机电设备进行监控、管理、故障报警、报表报告与记录显示。此外，在公共区域设置 CO_2、空气污染物探测器，浓度超标时联动空调、新风进行调节；在地下室设置 CO 探测器，浓度超标时联动排风机启动。体育工艺智能专项包括 LED 大屏显示、场地扩声、计时记分及现场成绩处理、售检票、电视转播及现场评论、现场影像采集及回放、标准时钟、升旗控制、比赛设备集成管理和信息发布系统等，为场馆的比赛和运营管理提供全方位服务。

电气

根据供电电源的高度安全性要求，按一级负荷由城市电网提供双重 35kV 电源，经 35kV 降压站降至 10kV，以放射式向场馆及能源站变电所配电。在各变电所低压配电系统预留柴油发电车电源接口，确保赛时用电安全。对于安全防范、信息网络、计时计分、现场成绩处理机房与消防控制室等重要用电负荷空间，设置 UPS 不间断电源以确保供电的可靠性。比赛场地区域的体育工艺专项照明由双电源供电，采用智能控制系统，场地照明最高可以满足高清转播各运动项目国家、国际比赛的要求，兼顾运动员发挥、裁判员判断正确、观众各方位观看效果，并可满足标清转播、专业比赛、业余比赛、专业训练、训练和娱乐活动等多种不同使用模式需求。其中，体育馆比赛场地区域的照明灯具全部安装在马道上，便于使用与检修。

此外，本项目分别通过设置电力监测系统、能耗管理及监控系统与管理平台，实现电力系统信息的交换和管理以及能耗管理与监控，提高能源利用率。采用高效节能灯等主动式节能技术，采用配变电所、配电室、配电管井靠近负荷中心，以及风机、水泵、电梯、自动扶梯及自动人行步道等采用节能控制的被动式技术，践行绿色可持续发展目标；采用电气控制自动化、节能技术、智能照明系统、电路保护等新技术，以及 SCB13 型变压器等新材料，与新型节能电机、新型 LED 照明灯具、楼宇自控系统等新设备，全面提升项目的整体科技含量。

4 建设实施
Construction and Implementation

56
1

体育场

Stadium

智能制造

以施工为主线，确定构件分段分节方案，然后应用深化设计技术、工厂智能加工技术，实现钢结构的精细化生产。深化设计时，首先对钢罩棚管桁架进行空间定位，拟合结构实体模型；其次进行复杂节点处理，对多次相贯杆进行偏心设计，减少相贯切割和焊接工程量，降低结构安装应力。在工厂加工时，对于复杂的插板与铸钢节点，通过计算机模拟确定杆件定位坐标，通过工艺控制确定构件零件组装顺序，减少拼装误差，保障制作精度。

安装施工

施工中沿体育场布置三圈标准格构式胎架的临时支撑，之间以联系桁架连接，胎架底部通过底座与看台承重结构连接，使结构荷载有效传递到主体结构。杆件在工厂预制加工后在现场组装成桁架单元，以拼装法与吊装法施工安装。其中，主桁架划分为二至三个单元，单元与单元之间的联系杆件及时吊装，与胎架临时固定并初步校正，形成稳定体系；次桁架拼装成片状单元，采用整体吊装和散件吊装方式，于端部加设加固杆，连接桁架上弦杆和下弦杆；斜撑吊装则通过计算机模拟支撑平面和立面的位置投影后进行。

合拢卸载

通过施工模拟验算，确定合拢位置、温度、工序等，利于结构应力释放；卸载阶段采用砂箱分级卸载，通过卸载模拟验算确定结构下沉值，进而给出各临时支撑胎架位置下沉值，作为卸载数据参考；每个支撑胎架顶部配置一名工人，统一信号，实现同步分级卸载。最终，结构实际下沉数值与模拟验算数值高度接近，顺利实现了由临时支撑体系到结构自身受力的转换。

高精外帷

基于全过程的 BIM 建模，在钢结构完成后通过测量—合模—碰撞检查—纠偏表皮—BIM 下料—测量定位等步骤精确还原设计。以 56 个轴线为基准分为六区，以中线两两对称进行深化设计、加工与安装。通过 BIM 数控技术，将铝单板和穿孔铝单板加工成高精度的单曲或双曲面板且相应龙骨也加工成单曲或双曲，并实施参数化自动调整幕墙分格，安装时通过转换构造层吸收钢结构与铝板龙骨之间的误差，单元板块的空间定位也通过同步测量，保持现场定位安装与 BIM 模型同步吻合。

钢桁架

主要包括临时支撑、外圈钢桁架、内环钢桁架与弦支穹顶等部分。临时支撑胎架设置于主体钢结构下方，由混凝土柱或主梁支撑。高度在 10m 以上及 5m 以下的胎架分别采用格构支撑与非标准片式支撑及点式支撑。以外圈钢桁架或内场型钢梁为界安装钢桁架，每相邻 2 榀梁之间分为 1 段，每圈共分为 40 段。吊点均设置在钢桁架结构的节点上，采用绑扎方式固定吊索进行吊装。

下凹钢屋盖的内环桁架分三段进行安装：首先单独安装主管，外侧片式桁架整体吊装，其间联系杆件采取散件安装、高空嵌补的方式。内环桁架与中心交汇节点安装完成后，再安装钢拉梁，经与内环桁架销轴连接、吊装、对位等各工序后，安装销轴，最后将端部放于胎架顶部固定。

弦支穹顶

通过拉索张拉的顺序选择与数字模拟分析，解决预应力分布等带来的张拉工装设计以及索及撑杆的施工难度，来确保结构体系的受力转换。拉索未张拉时结构为一单层网格；第一次循环张拉时不主动落架，张拉结束后，结构为完整的弦支穹顶；在第二次循环张拉前将胎架卸载。考虑到最外环拉索的重要性，第二次循环张拉从内环向外环进行。

数控幕墙

运用大跨度、套筒式、铰接系统框架式等多项创新技术。主要幕墙形式有：竖明横隐玻璃幕墙、铝合金格栅、点式曲面玻璃幕墙、三角形玻璃窗、3mm 厚超大超宽双曲面铝单板、室内穿孔铝单板、铝板门套及地弹簧门等。深化设计与施工中通过 BIM 提取数据定位安装，每根龙骨与板材均采用 BIM 软件进行建模，依据 BIM 模型提取所有构件的三维坐标点位，进行现场放样，根据测量放线数据以及全站仪完成对主体结构的反尺工作后，再次依据测量数据重新修正确定最终模型后，完成下料与施工任务，确保幕墙的高精建造。

工序与定位

施工中通过科学的工序组织完成。以铝板幕墙安装为例：钢结构安装—支座安装—转接件安装—竖向主龙骨安装—横向龙骨安装— 斜向龙骨安装—室内转接件安装—室内竖向龙骨安装—室内横向龙骨安装。由于幕墙模型提取点位均位于三维空间中，施工中采用角钢、圆钢等辅助工具完成放样。

幕墙收口

主要涉及立面与屋面收口。通过铝板开缺形成多边形铝板单元，在收口位置进行折边，通过打胶满足防水要求，并以泛水组织排水。对于玻璃幕墙与铝板幕墙交接处，通过内设 U 形槽完成两者的收口。

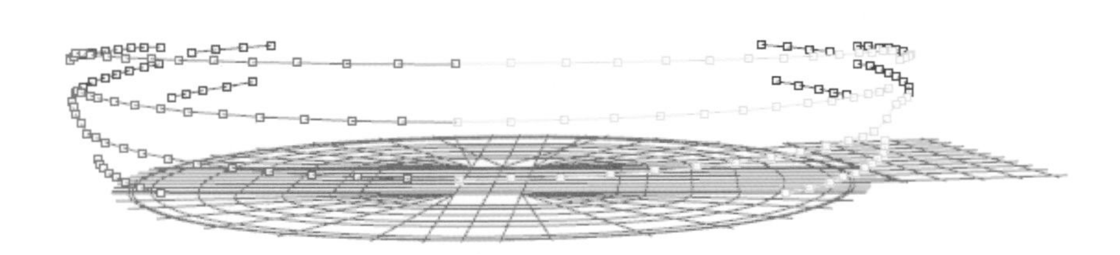

横向大圆管定位点

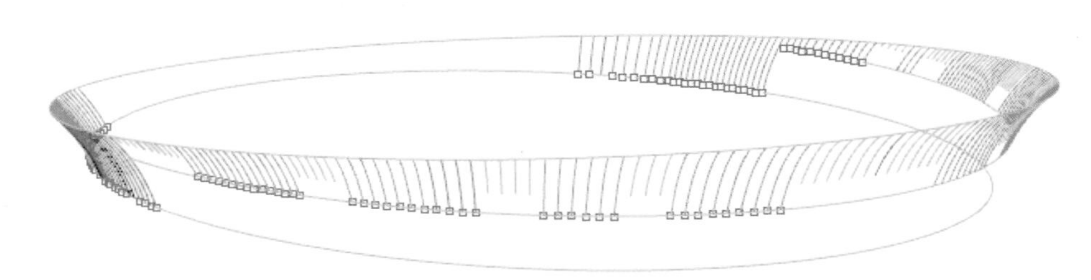

工字钢耳板定位点

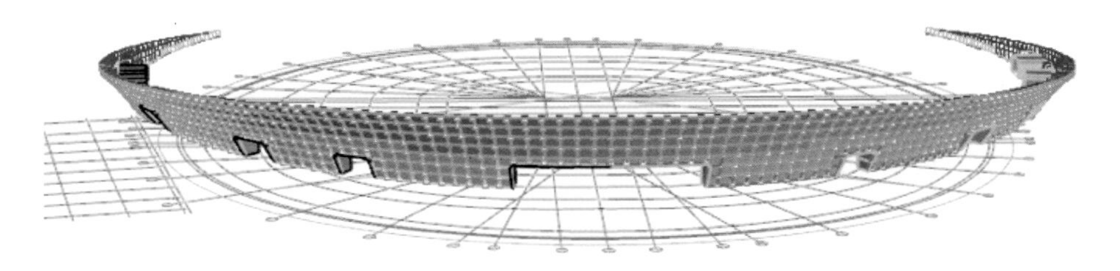

点驳爪定位点

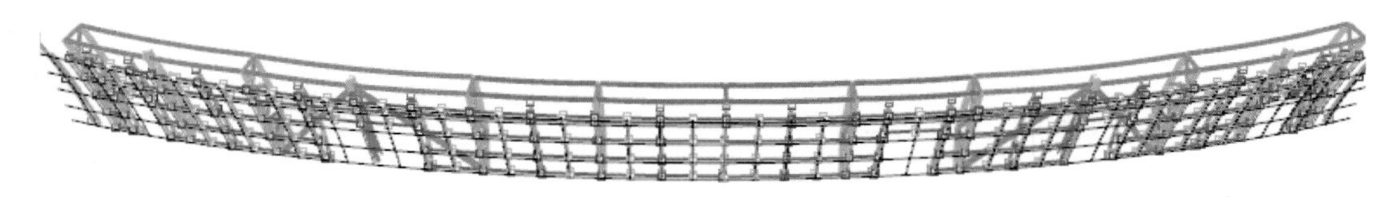

南面圆管定位

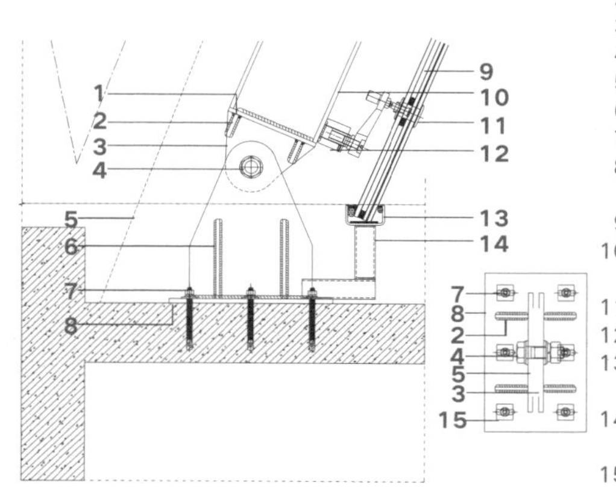

1. 10mm 厚加强筋板
2. 8mm 厚加强筋板
3. 14mm 厚加强筋板
4. M30 × 95mm 不锈钢螺栓
5. 2-12mm 厚加强筋板
6. 8mm 厚镀锌加强筋板
7. 6-M12 × 160mm 化学锚栓
8. 400mm × 250mm × 12mm 镀锌埋板
9. 超白钢化夹胶中空玻璃
10. 230mm × 150mm × 8 × 10mm H 形钢
11. 250 系列驳接爪
12. 碳钢底座
13. 95mm × 50mm × 4mm 厚镀锌 U 形钢件
14. 50mm × 50mm × 4mm 热镀锌钢方通
15. 40mm × 40mm × 4mm 镀锌钢垫片

点式玻璃标准节点

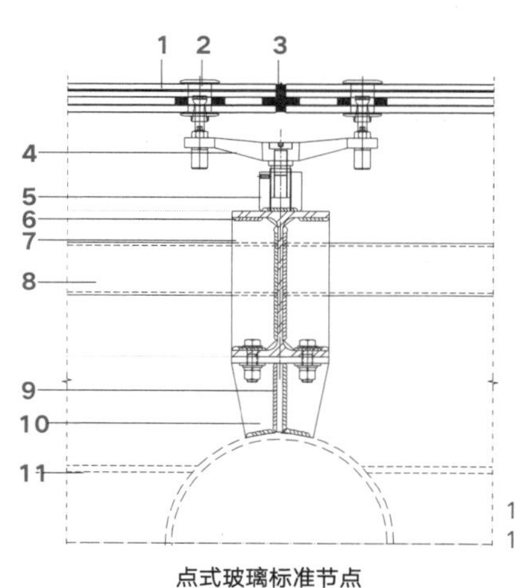

1. 超白钢化夹胶中空玻璃
2. 不锈钢驳接头
3. 黑色密封胶
4. 250 系列驳接爪
5. 碳钢底座
6. 230mm × 150mm × 8mm × 10mm H 形钢
7. 2-8mm 厚加强筋板
8. Φ83 × 4.5mm 圆管
9. 170mm × 60mm × 10mm 厚钢件
10. 10mm 厚加强筋板
11. 主体钢结构桁架

点式玻璃标准节点

BIM 技术应用

Application of BIM Technology

通过 BIM 技术对基础与上部结构健康监测、机电管线系统与机房设施以及各专业工种之间的协调等方面进行协同工作。主要应用于模型可视化交底、管线综合排布、施工方案优化、钢结构精准吊装放样及定位、三维激光扫描、曲面幕墙下料及定位、二维码现场交底、进度模拟与工程量提取等方面。综合运用各类软件：如运用 Autodesk Revit 进行结构、建筑、机电安装、场地布置、风景园林专业的建模及应用；运用 Autodesk Navisworks 进行碰撞检测管理、进度模拟、虚拟漫游模型审阅；运用 Tekla Structures 进行钢结构专业建模及深化；运用 Rhinoceros 进行幕墙专业深化设计建模；运用 Fuzor 进行碰撞检测、安全分析；运用 BIM 快模系统进行辅助 BIM 建模和用模。

质量、进度、安全与物资管理

主要内容包括：二次开发“BIM+ 实测实量”质量管理系统，对专业模型进行模块轻量化处理；通过研发的移动端 App，进行现场质量数据和图片的上传录入；通过系统对数据的分析，生成整改指令，实现质量管理的信息化；利用 4D 施工模拟优化施工进度方案的工作流程、利用 DBWorld 管理平台管理各分包协同作业，以及利用 Fuzor 软件对 BIM 模型进行安全分析、检查与防护。此外，在现场以二维码技术交底卡进行可视化交底，根据移动端扫码即可读取该区段人员、材料及机械的运作情况，提高现场管理效率。

工程量提取与经济分析

按照不同区段模型提取混凝土工程量，提交给各施工区段，实时掌握混凝土损耗量。根据每个季度 BIM 提供的工程量成本信息与物资经济信息进行对比分析，发现 BIM 造价与现场进场造价差距在 1% 内，节约了概算总值的 3%~4%。

钢结构与幕墙施工应用

主要包括如下内容：根据深化的 BIM 模型导出钢构件吊装的坐标值，指导现场吊装工作精准定位；利用三维激光扫描仪对已安装构件进行实体扫描，精确捕捉实测物体的三维坐标，以“点云”的形式反映到软件中，通过计算机处理，快速准确地构建出钢罩棚的三维实体模型，最后对整体的安装精度进行现场检验；实现自动化输出加工数据到 Excel 表格中，经过参数化的设计加工与提料，极大地提高了精确性；利用 Rhinoceros 软件进行幕墙模型深化和网格分割，导出吊装坐标值，将优化完成后的铝板进行编号，分批次发送加工厂，进行单、双曲铝板加工，最终根据 BIM 模型编制导出的幕墙网格坐标值进行现场幕墙单元块的精准吊装施工。

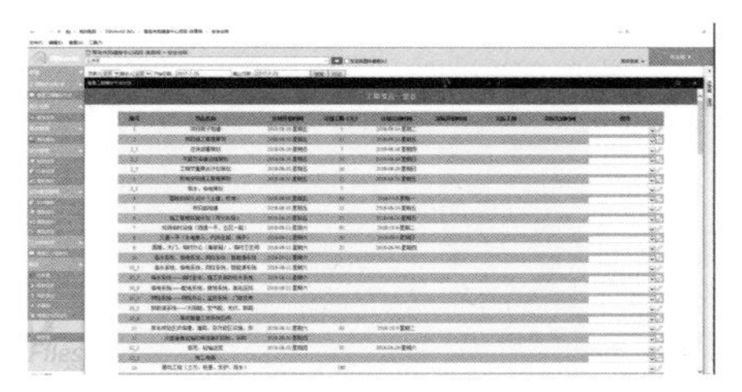

DBWorld 管理平台工期节点一览表

无人机航拍实景进度监控

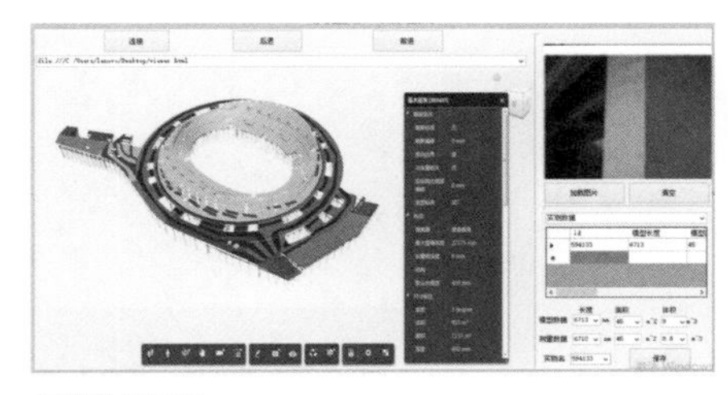

实测数据录入

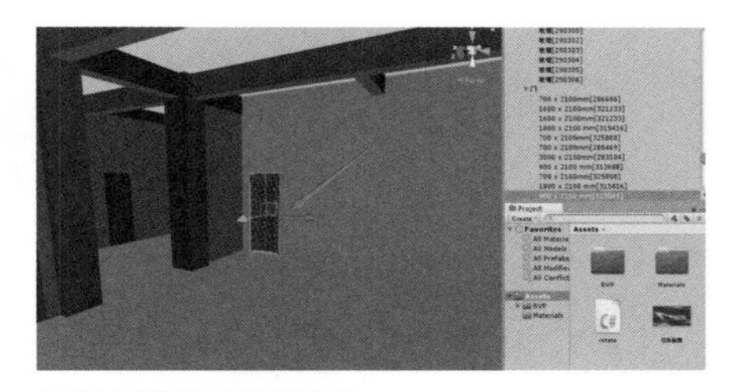

结构柱实测实量数据分析

安全自动分析

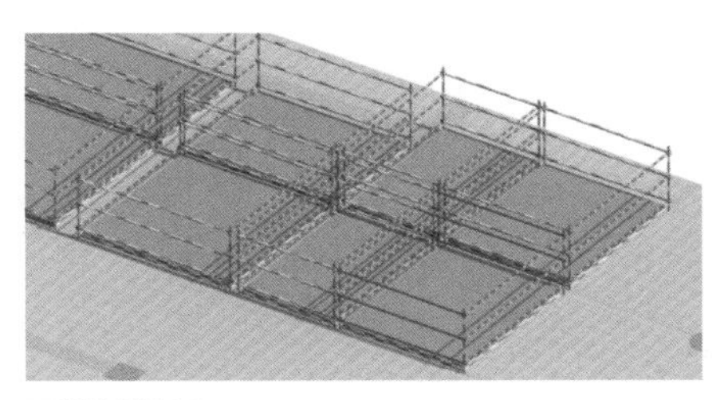

预警策划布置

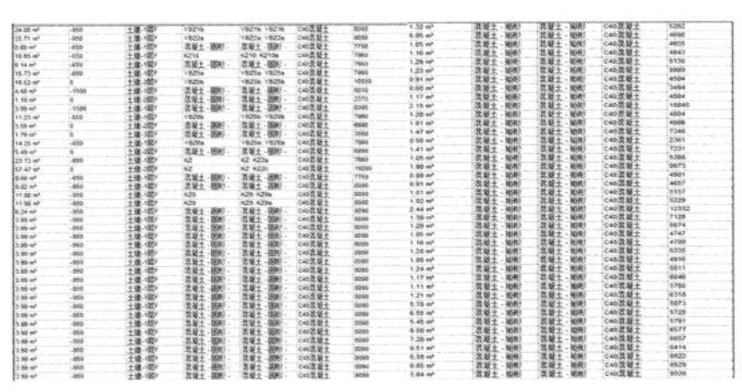

混凝土量提取

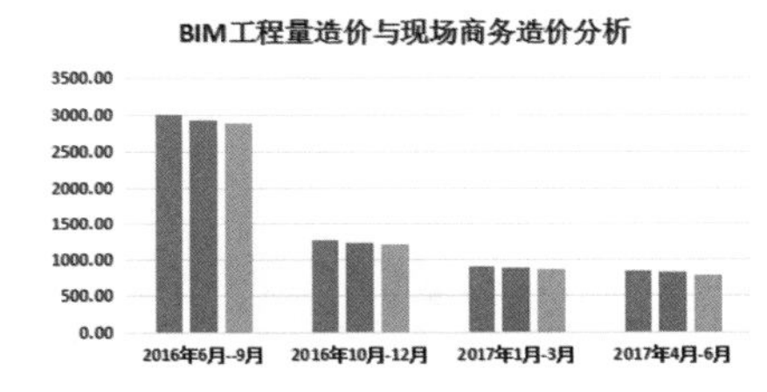

BIM 混凝土工程量造价与现场商务造价分析

现场二维码技术交底卡

材料名称	型号	材料进场时间	材料厂商
混凝土	C40	2016.07.09	青岛康兴混凝土有限公司
混凝土	C40	2016.07.10	青岛重筋预拌混凝土有限公司
模板	15mm胶合木模板	2016.07.01	青岛新景晨实业有限公司
钢筋	HRB400 直径18	2016.06.28	五矿钢铁青岛有限公司
钢筋	HRB300 直径10	2016.06.28	济南闽冠贸易有限公司
钢管	48.3x3.0	2016.06.28	劳务自供

现场材料进出场信息表

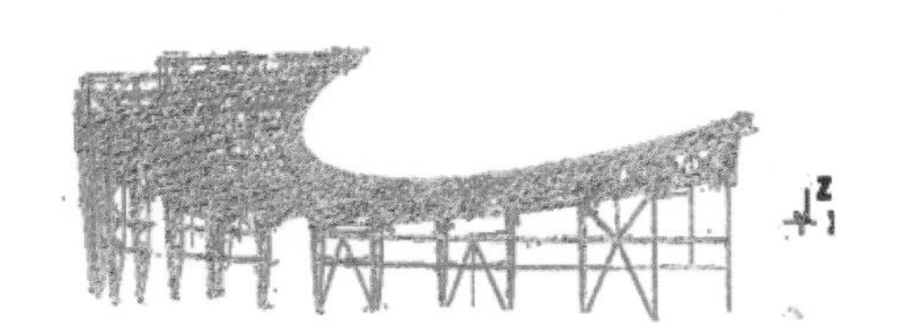

三维激光扫描软件处理

测量机器人现场实测

根据 BIM 模型坐标值进行吊装

根据 BIM 模型坐标值进行吊装

5 后期运营 Post-occupancy Performance

体育竞技

Sports Competition

职业赛事

市民健身中心项目自建成以来先后举办了 2018 年山东省第 24 届运动会开幕式、闭幕式与部分比赛，以及田径、篮球、手球、击剑、标准舞等多场国际、国家级职业体育赛事。

本项目自建成以来举办的主要职业体育赛事（截至 2023 年 7 月）

2018 年 10 月 12 日	山东省第 24 届运动会开幕式
2018 年 10 月 20 日	山东省第 24 届运动会闭幕式
2019 年 5 月 31 日	2019 年“中建集团杯”中加国际女篮对抗赛
2019 年 6 月 19 日	2019 年“渤海实业杯”中澳国际男篮对抗赛
2019 年 7 月 26 日	中国男子手球超级联赛决赛
2020 年 7 月 7 日	中国男子篮球职业联赛（CBA） 复赛第二阶段比赛
2021 年 6 月 11 日	国际田径联合会（World Athletics）WSE 田径巡回赛
2023 年 4 月 13 日	2023 年全国击剑冠军赛分站赛（第一站）
2023 年 7 月 22 日	2023 第四届国际标准舞公开赛

山东省第24届运动会
THE 24TH GAMES OF SHANDONG PROVINCE
闭幕式
中国女篮
CHINA
中国企业500强
©中国男子手球超级联赛
CHL
©中国男子手球超级联赛
FUJIAN

大众体育

除职业赛事外，体育场、体育馆以及练习馆等室内外空间还举办了大量全民健身与国际比赛、全国业余比赛等大众体育活动，包含足球、篮球、羽毛球、棒球、排球、田径、跆拳道、击剑、武术、搏击、电竞、趣味运动、亲子运动等多项运动；参与大众涉及从幼儿、青少年、成年乃至中老年、残疾人等的全龄段人群。

本项目自建成以来举办的主要业余赛事与全民健身活动（截至 2023 年 7 月）

2019 年 3 月 22 日	红岛经济区第六届“易邦杯”职工羽毛球比赛
2019 年 5 月 5 日	棒球训练营
2019 年 6 月 22 日	山东省首届城市动力伞精英联赛
2019 年 8 月 10 日	全民健身日 · 8.8 公里健康欢乐跑主题活动
2019 年 10 月 2 日	2019 金云龙杯中国跆拳道国际公开赛
2020 年 8 月 8 日	首届王者荣耀对抗赛
2020 年 8 月 22 日	济青足球交流赛
2020 年 9 月 19 日	“2020 年斯巴鲁巡回试驾会”活动
2020 年 9 月 26 日	“中建五局山东公司第九届‘信 · 和’文化节暨职工运动会”
2020 年 9 月 28 日	“健康快乐，你我同行”2020 年软控职工趣味运动会
2020 年 11 月 6 日	中建中新第三届“中新杯”职工篮球赛
2020 年 11 月 14 日	2020 年美国职业棒球大联盟 MLB First Pitch 青少年棒球联赛
2021 年 5 月 2 日	2021 年“追风少年杯”全国少儿足球邀请赛
2021 年 5 月 2 日	2021 年第五届青岛武搏大会
2021 年 5 月 9 日—7 月 4 日	胶州湾北部足球联赛
2021 年 6 月 1 日	三之三幼儿园亲子运动会
2021 年 6 月 4 日	2021 年全国中学生击剑联赛北区比赛
2021 年 6 月 4 日	中建八一第七届“铁军杯”职工足球赛
2021 年 7 月 2 日	首届“崛起东方杯”全国青少年足球邀请赛等足球赛
2021 年 7 月 30 日	2021 美国职业棒球大联盟 MLB Cup 青少年棒球公开赛春季总决赛
2021 年 9 月 11 日	2021 年夏季青岛市城阳区围棋定、升段（级）赛
2021 年 9 月 24 日	2021 年中建新疆建工集团篮球比赛
2021 年 9 月 25 日	中天建设胶东分公司 2021 年秋季运动会
2021 年 9 月 27 日	青岛巨源建工集举办团员工运动会
2021 年 10 月 26 日—27 日	青岛高新区第七届职工羽毛球比赛
2022 年 1 月 1 日	“助力冬奥，三亿有我”万人上冰体验系列活动
2023 年 2 月 11 日	山东省中学生体育联赛排球比赛
2023 年 3 月 5 日	第六届青岛武搏大会
2023 年 4 月 9 日	首届“青融党建杯”驻青国企篮球友谊赛
2023 年 5 月 11 日	2023 年全国残疾人跆拳道锦标赛开幕式
2023 年 7 月 24 日	2023 第二十五届 IRO 国际机器人奥林匹克大赛

MLB
CUP 2021
CHINA
TERNATIONAL OPEN TAEKWO
中国跆拳道
“蜀道天合”

空间转换

Spatial Transformation

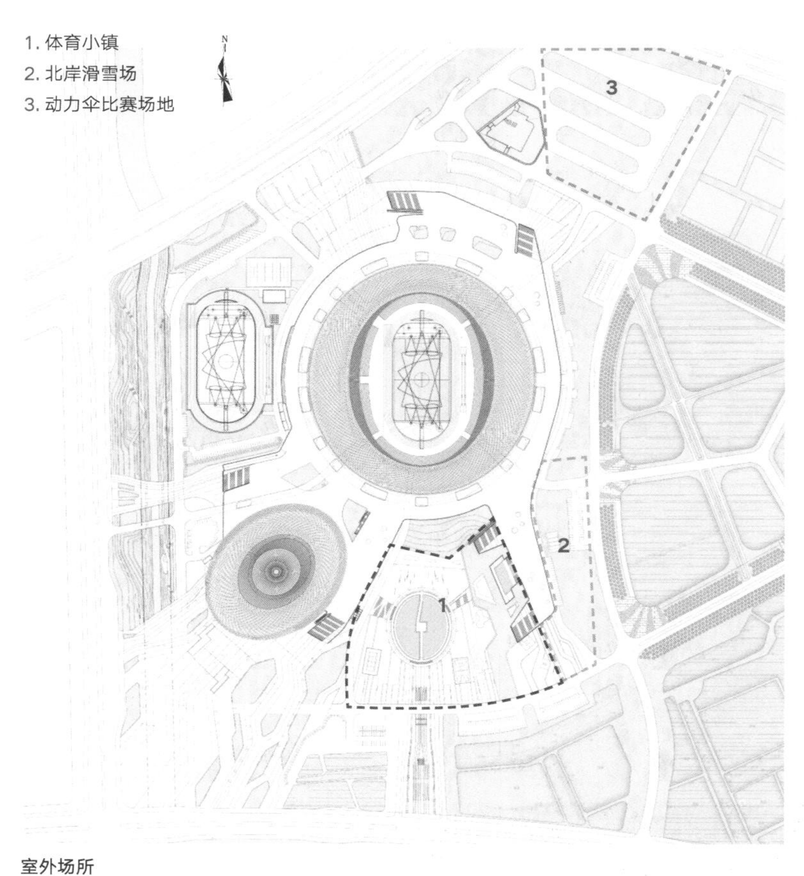

室外场所

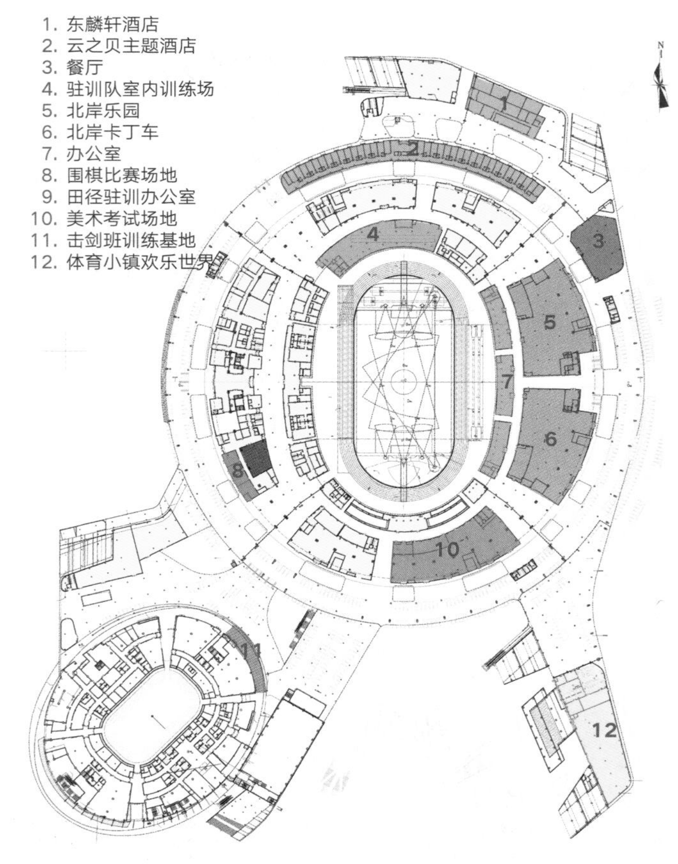

一层基座空间转换功能分析

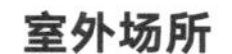

室外场所

北侧大巴停车场转换为动力伞比赛场地，南广场转换为体育小镇与北岸滑雪场。其中，体育小镇是集体育运动、体能拓展、亲子互动、露营团建、演出表演、体育研学等功能于一体，涵盖高空漂流、彩虹滑道、欢乐水游艇、足球世界、疯狂碰碰车、木质拓展等 30 余项综合大型户外亲子体育运动主题乐园；北岸滑雪场响应国家“3 亿人上冰雪”号召，营造“全民迎冬奥”的浓厚氛围，是集体育、休闲娱乐、餐饮于一体的冰雪嘉年华，使南广场的季节适用性大大提升，具备冰雪项目和夏季运动双向转换的功能，荣获“2022 山东最美冰雪场馆”。

室内空间

室内配套空间也在日常运营中得到有效利用。体育场一层原商业空间已转换为体育小镇乐园，作为室外小镇的配套餐厅、美术考试场地使用；原运动员公寓赛后转换为主题酒店；原第二检录处转换为驻训队室内训练场；原新闻工作室转换为围棋比赛场地；部分包厢空间转换为商业出租房、驻训队伍宿舍及活动用房。场馆还曾“变身”影视剧取景拍摄地，为配合拍摄，体育馆从篮球场地转换为冰场，这也意味着今后具备承接冰球、冰壶、花样滑冰、短道速滑等大型赛事的能力。

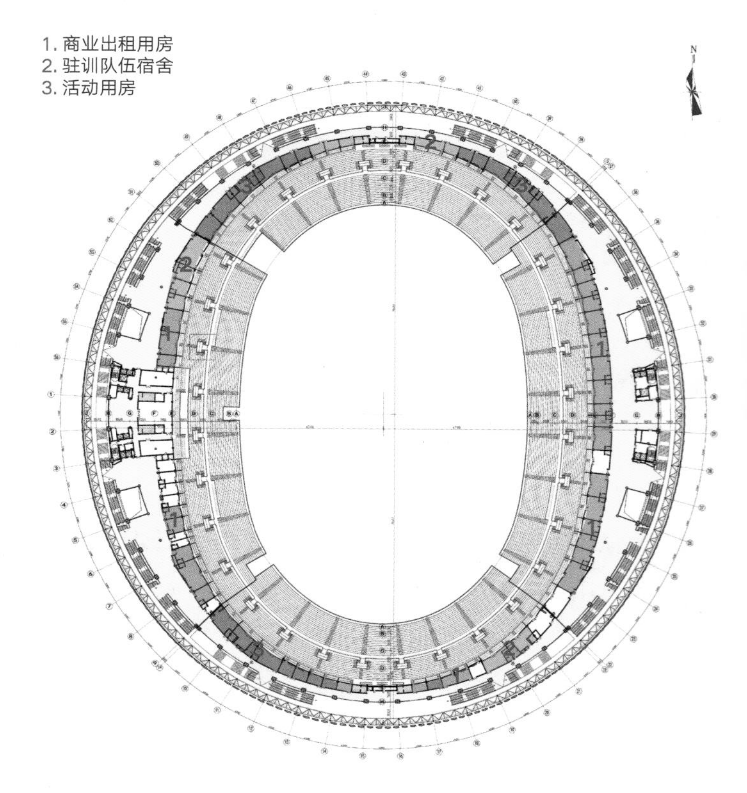

体育场室内空间转换功能分析

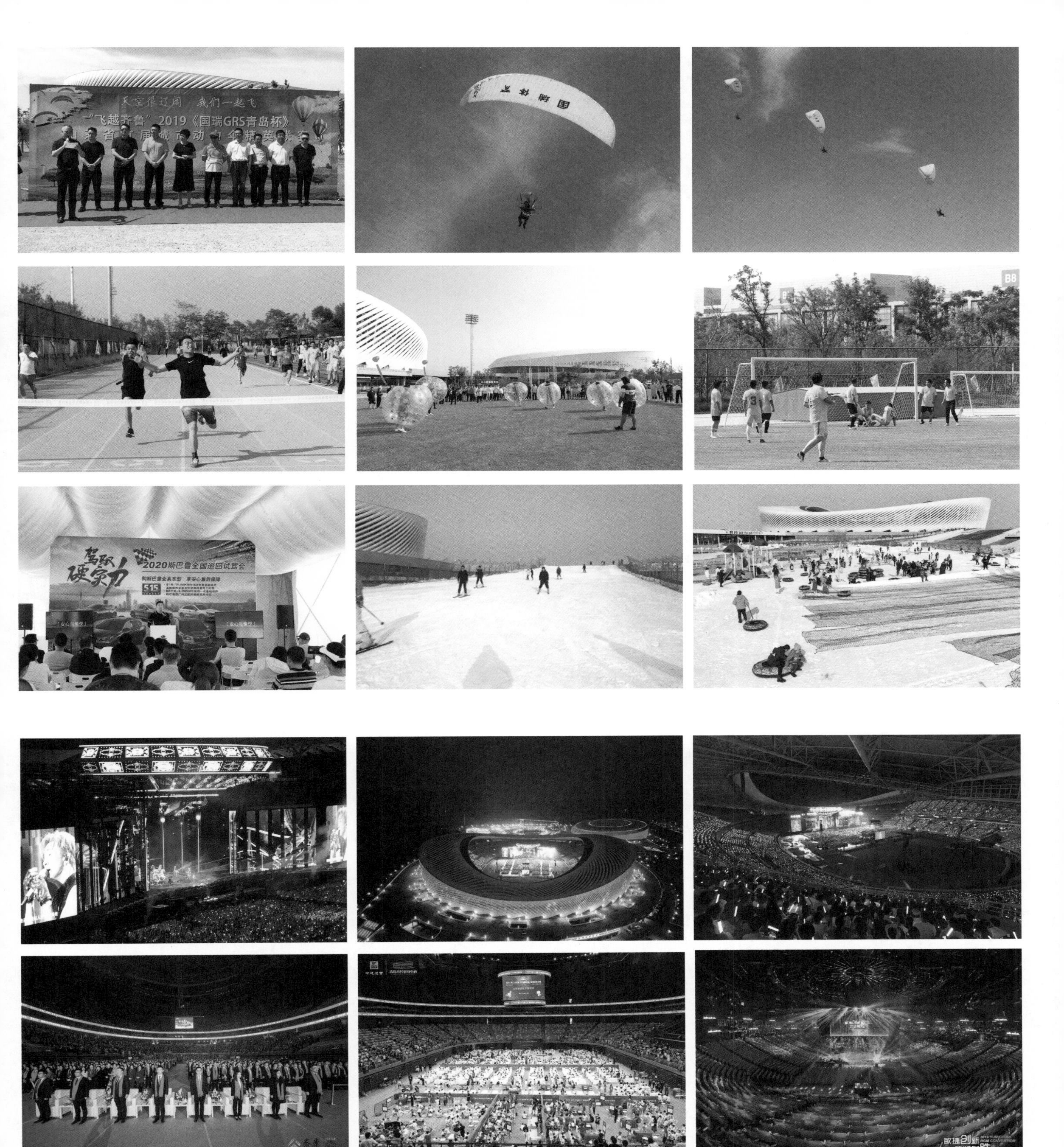

本项目自建成以来举办的主要大型商业活动（截至 2023 年 7 月）

2019 年 3 月 27 日	百胜中国餐厅 2019 年经理年会
2019 年 11 月 23 日	泰康人寿青岛分公司 2020 年开门红启动大会保障工作
2021 年 6 月 18 日	和也志愿服务基地揭牌
2023 年 7 月 8—9 日	薛之谦“天外来物”巡回演唱会

商业运营

Commercial Operation

6 访谈

Interview

袁玮

东南大学建筑设计研究院有限公司（时任项目设计方项目负责人）

问：您在项目的整体推进过程中有什么值得分享的心得和体会？

袁：青岛市民健身中心自建成以来，是目前山东省建设规模最大、硬件设施最优的竞演中心，已成为青岛城市的新名片。该项目技术集成度高，在设计中有大量新技术、新材料的应用。

为保证精细的完成度，根据业主方的进度要求，作为项目负责人，在设计过程中认真梳理每个阶段的问题，协调各专业设计团队和分包设计团队的关系，保证设计的有效推进。施工过程中，针对施工现场的反馈和相关主管部门的审批审查意见，在做好图纸交底的同时，根据实际情况及时优化调整。对设计质量的过程控制，做到条理清晰、过程完善和工作规范。通过对质量工作过程进行全面的管理、跟踪和记录，保证质量管理的科学性、严密性和有效性。

一个大型项目的设计和建设是复杂的系统，每个专业的最优并不一定是整体建筑的最优，各专业、各阶段、各工种的需求须在整体建设实施框架下进行协作和统筹。各专业之间要有紧密的配合，相互借鉴和扶持，在建设过程中也要充分考虑施工工法、建筑材料、机电设备等方面的优化组合，才能实现建筑使用功能、建筑形式、绿色性能和工程造价的最优。

我认为一个好的建筑作品，不仅仅是空间和造型，更是多专项合作的结晶，如体育工艺、室内装修、幕墙、景观、泛光照明等，这些专项设计都是建筑设计的延伸，他们在建筑师的协调下为整个工程进行专业化设计。建筑师作为这个强大且庞杂的专项设计团队的主导者要有整体观和更高的站位，既要从宏观层面把控，同时又须做到面面俱到和细致入微。

孙逊

东南大学建筑设计研究院有限公司（时任项目设计方技术总负责人、结构专业负责人）

问：您认为项目的结构设计有哪些值得骄傲的特色和亮点？

孙：引以为豪应该还谈不上，结构设计服务好项目自身特色，服务好建筑创新创作，运用结构工程师掌握的力学理论、结构逻辑、建造技术等综合知识，做好建筑师和建筑物之间的桥梁，是结构工程师在项目设计中的重要责任。特别是面临大跨、超高、复杂体型等建筑时，结构效率的重要性更加突出，建筑形态逻辑和结构受力逻辑的和谐统一，应该是项目成功的关键。青岛市民健身中心项目的体育场是传统的建筑形态，而体育馆则呈现中心下凹的“平底碗”形态，我们在空间、形态和受力的交汇点上，在各种结构方案中，经过优化、改良、创新应用出了刚性悬挂接轮辐式张弦的结构体系，既保证了结构受力体系的高效，又保证了中心赛场平底部分的建筑净高、场区视线等要求，做到了形态和受力的统一，应该是这个项目值得自豪的地方吧。

问：在项目的结构设计过程中遇到过哪些挑战？

孙：大型公共建筑，特别是形态主导的公共建筑，建筑立面、屋面整体造型一体化的趋势愈发明显。大跨结构屋面结构和立面结构的受力逻辑是不同的，当然一体受力也不是不行，但其形态一定受到某种形式的限制（如昆山、济南和福州的某足球场与体育中心等），自由的形态逻辑需要合理的受力支点才能符合受力的逻辑，否则甚至有可能会背道而驰。所以在建筑造型已经一体化设计的今天，如何协调主体结构、围护结构、装饰结构的和谐统一，需要建筑师、工程师的更多努力。就青岛的项目来说，立面造型上还有反曲率曲面的直接剖接，如果能通过立面结构的合理编织、结构主要构件和截面在关键位置的曲线过渡，通过设计师的智慧和更紧密的协作，去更加完美地呈现作品，应该是当前市场语境下最困难的吧。

问：您对大型公共建筑结构专业设计的未来有什么希望和期待可以说说吗？

孙：大型公共建筑的建筑创作理念和工具已经跟上了世界前沿，但经典力学的理论却无法突破（这不是力学工作者的落后），工程材料、营造手段也许处于技术革命的前夜，结构工程师如 何在这样的断层里，通过智慧，一步步地缩小并逼近这样的差距，应该是结构工程面临的首要问题。 建筑师如何在低技营造的当下，适当地妥协和放慢脚步，也许是无可奈何的一种选择吧。

万小梅

东南大学建筑设计研究院有限公司 （时任项目设计方项目负责人、建筑专业负责人）

问：您认为此项目在体育建筑的空间设计中有哪些特点？

万：我在青岛市民健身中心的设计过程中负责体育馆和体育场的内场设计，这里内场包括比赛场地和观众厅（席）形成的一个整体空间。对于体育建筑来说，外观造型是建筑面向城市的一面，内场则是体育建筑空间的核心，是建筑面向观众和运动员的一面，它好比博物院的展厅、歌剧院的观众厅、教堂的礼拜堂，人们从建筑外部经由入口广场、检票处、门厅（休息厅）来到这里，最辉煌的篇章在此奏响。一直以来体育建筑的内场被认为是视线、疏散等功能需求的集合，甚至声学、照明都比“空间”多一席之地，建筑师仿佛可以让位于各专业设计师，仅仅负责整合他们的需求，但是作为建筑师怎能放弃空间的塑造？体育建筑内场是这样一个场所，观众和运动员沉浸在他们的互动之中。在这样一个空间里，运动员是“演员”，需要观众的激发才能达到最高水准，他（她）的目力所及都应该是观众，应该感到被观众环绕，时时刻刻被观众的热情所鼓舞；观众是演员的对应面，他（她）们的眼睛里应该只出现比赛场景，建筑构件最好消失于无形。所以我在设计体育馆的内场时特别注意空间的紧密性，层层叠叠的观众是比赛最好的背景，若有若无的前看台栏板、楼座入口谢绝八字形楼梯、楼座后墙上方采用吊顶尽量压低后墙高度，加上赛场中央如钢铁巨人般下垂的劲性悬挂结构、如炮筒一般环形布置的风口对圆形观众厅形状的呼应，创造了市民健身中心体育馆极为热烈的比赛气氛。体育场的内场相对于体育馆来说更加开放，由于青岛市民健身中心体育场人数 6 万左右，楼座只能局部成环布置，因此设计的重点在于完成南北两端座席较少处的空间封闭。我们采用压低建筑外壳，让南北端屋面紧贴显示屏上端（显示屏距离屋面结构底部约 1 m），看台最高处距离结构底部最低处仅 3m，几乎是公共室外空间的极限，从现场看，楼座在南北两端的逐渐退台没有引起任何空间缺失感。在东西两侧主看台的布置上，除了采取和体育馆同样的策略，我们还针对体育场疏散人数较多的问题，逐级加宽池座疏散台阶的宽度，产生了强烈的放射性效果，增强了空间凝聚感。

问：您在项目的设计过程中遇到了哪些核心的技术难题？您又是如何解决的呢？

万：技术难题的解决都是为了实现建筑的目标，因此首先要明确需要达到哪些建筑目标。本项目为雕塑性造型，外形的简洁和统一就成为技术需要达到的目标，对于体育场来说这一点比较容易实现，通过褶皱式外皮以及穿孔铝板的运用达到消防认可的疏散环廊开孔率即可；对于体育馆来说如何保持外立面的完整性就是一个很大的挑战，比如光洁的立面上不能出现因功能需要而产生的百叶等装置，而加压送风、排烟排风等暖通功能的实现都无法避免大大小小的风口，我们的办法是化整为零、逐个解决，比如在二层平台层结合入口门套解决了楼梯间的加压送风需求，体育馆四层以上则通过井道将百叶转移到屋面系统解决，利用混凝土屋面和金属屋面两层皮之间的缝隙，巧妙地遮蔽了所有出屋面风口。

体育馆的技术难度高于体育场还不仅仅体现在外皮的处理上，为了实现空间高度和实际功能需求的吻合，我们在体育馆设置了下凹式屋面，这个带来的技术问题就是排水路径，首先我们确定了虹吸式排水方案，通过内环沟收集雨水引向外环排水，其次为了增加安全系数，我们设置了两条截面宽大的溢流槽，直接通向建筑外表皮（幕墙通过翻板式构造设计对口部进行遮挡）。其他还有体育馆楼座封闭式疏散楼梯和开敞式疏散楼梯的结合问题，从给出方案到空间实现，需要结构和建筑的紧密配合。

总之，技术难题一定源于需要达成的建筑目标，在目标明确的前提下，各专业设计师紧密配合就可以做到无往而不胜。

群访

东南大学建筑设计研究院有限公司

时任项目设计方建筑、结构、机电专业主要负责人、设计人

问：您在整个项目设计过程中有什么印象深刻的经历和感悟？

石峻垚（建筑专业负责人）：虽然项目设计周期很短，但是由于项目组集中办公，没有其他事情分心，几十个人为一个目标聚在一起，通宵达旦、热火朝天地工作，那种气氛令人难忘。当时工作上推进的效率很高，项目组随时碰头开会，定下的事情，迅速就能落实反馈。由于项目的难度很大，许多决策都是边商量边尝试，经过多轮的讨论才找到最合适的技术路线。

我印象很深的一件事是梳理体育馆的公共空间与消防疏散楼梯的关系。一般体育馆常用有两种疏散方式，一种是楼梯在观众厅内侧贴临观众座席，直接疏散到一层。另一种是楼梯靠外墙，疏散到平台层。前者楼梯不贴临外墙需要做防烟楼梯，没有天然采光，公共性差。后者需要在观众休息厅内设置一圈疏散楼梯，会影响环厅的效果，在大型场馆中更为明显，因为大型场馆的观众休息厅中还需要处理从平台层到楼座层的公共交通，一般是采用开敞大楼梯的方式，这样就会使休息厅中的交通系统很复杂，而且各自的系统还是独立的，容易影响空间效果。

本项目中我提出了一个可能性，就是将楼座疏散与公共交通融为一体，减少休息厅中的交通要素。具体想法是把消防疏散楼梯做成一根管子，一头接在楼座层平台，另一头接到二层外墙接室外大平台，常规的两跑疏散梯变成了直跑楼梯，考虑到大量人流疏散的情况，梯段坡度放缓，放大了平台的宽度。管子的上顶面可以作为连接二层门厅与楼座层的开敞公共大楼梯，与消防楼梯实际上形成了平面上错位，空间上下重叠的一组垂直交通体系。这样一来休息厅中原有 8 组消防梯和 4 ~ 6 组公共楼梯就整合成了 8 组交通系统。高总听了初步想法后，觉得可以做些尝试，万老师也觉得消防上没有问题。项目组就兵分两路，一组人在平面上找合适的地方，另一组人在高总带领下推敲管子的形态和整体的空间效果。经过几轮碰撞，在高总高标准的把控下，大家在平面与造型、空间效果上找到了平衡点，这样提案才成为落地的方案。最后，建成后的环厅交通系统也成为项目的一个小亮点。这件小事情令我印象深刻，建筑设计是一个系统性的创新过程，在不同阶段都可以找到问题，从而提出创新的解决思路。也正是在青岛市民健身中心这样一个充满活力、激发创造力的团队中，大家才能开放性地思考与尝试，敢想敢做。在高总的带领下，集思广益，攻关难题，最终收获了完美的答案，将市民健身中心项目打造成国内高标准、独具特色的类型标杆。

薛丰丰（建筑专业负责人）：青岛市民健身中心体育场项目是我工作以来参与的规模和等级最高的一座体育场。此项目的设计难度大大超过了我以往所碰到的类似项目。体育场可容纳观众约 6 万人，属于可举办全国性和单项国际比赛的甲级体育建筑。由于项目本身的特殊性，需要进行消防性能化设计及消防专项专家认证会、结构风洞试验等，同时还需要对接体育工艺、赛后运营、声学、景观设计、总图竖向等多个专项设计。而且项目时间节点非常紧张，可谓时间紧，任务重。整个过程是艰辛的，同时也是充实的。通过不断的沟通、磨合，综合各种设计条件，来寻求最合适的处理方式。这些对于我们的团队都是相当大的考验！还记得最终施工图因为图纸量太大，无法快递。我院专门开了 2 辆商务车才将所有的施工图运到施工现场。整个项目施工历时 2 年多，项目团队设计人员不间断驻场服务，有问题及时解决。从 2015 年 12 月到 2018 年 4 月，从设计到施工，整个项目团队付出了很多，但是当看到项目的完美呈现，我们的内心也是深深的满足与自豪，所有的努力付出都是值得的！

李宝童（建筑专业设计人）：参加青岛市民健身中心项目，我主要负责体育馆部分平面深化。首先，在这个项目中最大的感受就是业主、设计、施工齐心协作对于一个高品质建筑的重要性。体育馆建筑面积 6.7 万m^2，可容纳 1.47 万人同时观赛，是当时国内规模最大、容纳人员最多的体育馆之一。因此，在消防疏散、功能设置、结构跨度、设备选型等多方面都有极高的挑战性，同时项目工期紧张、造价有限，但是在各方的通力合作下保障了项目的顺利竣工；其次，设计团队的齐心协作，保证了项目的落地性和合理性；最后，作为一名建筑师能参加到这样一个优秀项目的设计过程中感到非常荣幸，也深感综合能力对于一位建筑师的必要性。

韩重庆（结构专业负责人）：项目组进行了半年的封闭设计，工作强度虽然比较大，但是大家在一起说说笑笑，也算是乐在其中。对项目上印象很深的有两点：

一、因地施策。项目所在地为海滨滩涂，由此带来了一系列比较难的问题，比如防台风，防盐水和海风的腐蚀，场地的沉陷等等，通过走访调研，充分掌握当地的水文、地质、风速、风向、腐蚀速率等参数，采取针对性的设计措施，并通过风洞试验、关键节点试验、腐蚀速率试验等试验数据进行验证，设计成果的经济性合理性都得到了保证。

二、兼收并蓄。项目从开始做结构方案，到超限审查通过，不过短短的 70 天时间，要在这么短的时间拿出好的设计，需要打开思路，既要用好自己以往的研究成果，又要在借鉴优秀项目的基础上二次创新。轴网是一个项目的最底层逻辑，在体育场四心圆轴线的生成中，就用到了前期类椭圆弦支穹顶网格生成方面的研究成果，通过求解超越方程，让环形柱网的等分点恰巧位于圆弧的拼接点，大大方便了作图和定位放线。好的设计需要多借鉴优秀项目，体育场罩棚桁架落地节点交汇杆件很多，传统做法笨重难看，参观苏州新区体育中心时发现所用的桁架落地铸钢节点轻巧美观，受此启发，提出了锥形管穿心板焊接节点，在轻巧美观的同时还节约了造价。

杨波（结构专业负责人）：这个项目是在一片海湾滩涂地上新建的综合性大型运动场馆。为了满足 2018 年山东省省运会开幕的时间节点，整个设计加施工只给了 2 年的时间，迫使项目建设各项工作呈现高速运转的状态。我们在不到半年的时间内完成了包括建筑方案设计、消防性能化设计、结构超限设计以及建筑施工图设计等一系列艰巨工作，出色圆满地完成了设计任务。施工图设计完成后，2016 年 8 月我有幸作为首位设计代表去项目现场驻场，配合业主和施工总包的工作，亲眼看见了这一浩大工程从一片滩涂地中拔起。

高龙

中国建筑青岛体育文化发展有限公司（时任项目建设、施工与运营方总经理）

问：您作为从项目建设一直到运营的全过程负责人，能否为我们诠释下“社会责任”一词的含义？

高：非常有幸全过程参与了青岛市民健身中心项目投、建、运过程，伴随着各个阶段，有几点印象深刻：首先是建设规模。市民健身中心项目的体育场在当时有 4 万座、6 万座、8 万座三个选项，体育馆有 1 万座和 1.5 万座两个选项，决策层对体育场的规模争论最激烈，一度建 8 万座呼声很高，最终综合各方意见，考虑到城市规模量级、所在区位发展、使用功能定位、综合投入产出及赛后利用等因素，没有盲目求大，而是选择建设规模为 6 万座体育场和 1.5 万座体育馆。从运营五年来的经历来看，从使用率、综合能耗、运维成本等考量，应该说是非常适当、准确的。当初这一务实的前瞻思路，也为建设阶段中体育功能、设施设备选择、装饰装修定位、空间布局等打下良好基础。

另外就是精心组织、精心施工、完善呈现设计。市民健身中心项目作为胶州湾畔核心区的地标建筑，设计方案时尚、优美，元素丰富、大气磅礴，如何能够完美呈现是施工中的重点。首先，钢结构成批在工厂加工焊接，增加构件成品度，增加超大吨位运输设备，减少现场拼装焊接作业，增加超大吨位吊装设备，减少空中焊接，有效控制构件精度，精细操作整体卸载，最大变形控制在 10cm，形成完美内骨架。其次，外幕墙罩衣为双曲异形铝板拼接而成，采用 BIM 技术 + 机器人放线定位技术，精确加工、精密定位、精准吊装焊接就位，多角度展现出了建筑优美的身姿。再次，对设施设备严格品控管理，坚持做好每个细节。由于项目整体推进时间紧，任务重，对相关的设施设备不是特别专业，为弥补短板，设计伊始便组成参观团，对全国各地相近的场馆进行走访，各地取经，取长补短，在较短的时间内搜集整理了较多经验，及时落实到项目实施中。例如，为保障场馆的功能要求，在赛事设备比如照明灯具上选用专业认可度高的产品，经过多方考察及实地参观，我们很看重对场景设计团队、品控完善的原材料、生产线和长达十年的无忧质保、同时又要物有所值的厂家。同样在体育馆的风口选择上也可以说煞费苦心，面对价格昂贵的进口产品，品质参差不齐的国产品牌，我们进行了大量的产品考察、数量繁多的样品对比，最终选择了国产一线品牌，既满足了设计条件、功能需求，又极大地节省了造价。经过多年的使用运营发现，设备稳定可靠，售后服务及时到位。

所以说，如何能给青岛这座城市和人民留下一座经久耐用的经典建筑，是我们作为建设、施工和运营方必须担负的社会责任。

常永强
中国建筑铁路投资建设集团有限公司（时任项目施工方总工程师）

问：您觉得这个项目的钢结构施工技术有哪些重点和难点？

常：关于这个项目存在的钢结构施工技术难点，我首先来说一下体育场部分。体育场技术第一个难点是在于钢桁架体系分段及吊装，分段位置牵涉到胎架布置、结构施工部署、吊装顺序，且其从临时体系到形成整体受力体系的转换是至关重要的。第二个难点是关于临时支撑体系布置，它是用于施工过程中临时性支撑钢桁架，实现从临时安装状态到实际卸载完成之后建筑使用状态的转换。这个步骤要兼顾桁架受力分段、下部看台支撑结构受力情况、体系自身稳定性及其安拆便利性来进行选择与布置，点位布置尽可能少且位置选在下部看台主梁位置，若落在次梁位置我们会对看台进行适当加固，若正好在板的位置则会做一个转换结构，实现支撑体系受力向混凝土梁柱体系的有效传递。同时除了要对格构式临时支撑体系进行验算以外，还要对混凝土看台受力体系进行验算，确保受力能够满足施工过程中的荷载要求。第三个难点是后期所有钢结构安装完成后对其的卸载。在整个卸载过程中，我们先用计算机进行模拟验算分析，计算出整个卸载过程每个支撑点位桁架的下沉数值，按里中外三圈胎架分三次进行卸载，最终达到最大支撑点卸载量 13cm 的下沉值，确保整个体系受力转换过程的实现。同时这个项目我们还用了砂箱卸载和火焰切割卸载两种方式，砂箱卸载的连续性会更好，支撑结构里面装的是钢砂，通过让钢砂自动往外流，用阀门来控制流速，实现桁架位置的下沉值控制。

而关于体育馆，我们根据本工程钢结构施工提交的科技成果“下凹式弦支穹顶预应力钢结构施工关键技术”已通过鉴定，达到了国际先进水平。这个体育馆的第一个难点是关于钢桁架体系的施工。建筑外立面桁架呈阿拉伯数字“7”的造型，下部向内凹，按常规思维应该是在“7”的外部设支撑胎架，但当时为减少胎架数量，采用了先施工屋面段桁架、再施工外立面桁架的创新性施工办法，通过屋面段桁架自身重量来拉住外立面桁架荷载，以实现外立面无支撑体系的施工方式。另外是关于内侧环桁架直径较大达到 1m，其施工难度非常大，且由于其与径向梁连接导致分段数量很多，若采用有支撑体系会导致看台上部全为密密麻麻的支撑胎架，最后也决定采用了无支撑施工办法。第二个难点是拉索的施工和张拉，因为这个项目有径向索和环向索，需要先安装环向索再安装径向索，通过径向索张拉的主动受力实现环向索的被动受力，同时其与上面撑杆的精确匹配要求非常高，我们采用了八组对称张拉方式逐步实现拉索受力体系的完整性。第三个难点是体育馆卸载，它分为内圈下凹式部分与外圈钢桁架部分，通过我们原先对整个施工安装与卸载的模拟，在后续拉索张拉过程中对内圈整个屋面给它反向受力、使其起拱，这样屋面就自动脱离了胎架体系，实现了内圈钢屋盖体系的主动卸载，然后再进行外圈卸载。

问：您能否分享下本项目是如何平衡工期紧张与高质量建设二者之间的矛盾的？

常：我来谈一谈项目比较难忘的几点感受。第一点是工期的紧张，为了完成 2018 年省运会的任务，很多工作必须要高效率才行。比如看台首节钢结构柱的吊装工作。根据以往常规情况，钢结构柱吊装前期准备周期一般需要三个月，即深化设计半个月、材料购置一个半月、工厂加工一个月左右，如何克服时间紧、任务重的问题在当时是刻不容缓的。那时我本人到东南大学建筑设计研究院与结构设计团队共同办公、商议、验算及确定节点连接方式，在设计院同步完成钢结构深化设计工作，确保了按时间进行首批钢结构的进场及吊装，结合类似工程施工经验、充分发挥设计单位与我们共同的从钢结构设计到深化的能力。

第二点是在项目施工尤其是钢屋盖施工过程中，钢屋盖施工开吊时间已到 11 月份，进入青岛冬季，气温降到了零度左右，该部分施工完成时间是在 1 月底接近 2 月份，在三个月内完成体育场和体育馆钢屋盖体系的安装。过程中一方面面临低温问题带来的影响，同时由于高新区地处胶州湾湾心，冬季大雾天气非常频繁，那年冬季也赶上了雨雪比较多的时候，地面受雨雪影响交通情况不乐观，尤其是 400t 大型履带吊在现场要进行行走作业，需克服的难题很多。因这个场馆项目钢构复杂、构件数量多，我们在现场安排了构件的临时堆场区，通过 24 小时不间断作业，在高峰期现场安排多人专门负责构件梳理，保障构件供应的及时有序。我们在现场设置了很多取暖点以保障工人取暖，也采用电加热、火焰喷枪加热等方式确保现场施工质量的控制。2016 年到 2017 年跨年春节我们是在施工现场度过的，整个项目当时共有 300 余人在工地过年，仅大年三十下午和初一上午休息了各半天时间，初一下午就开始进行正常作业，确保我们在既定时间目标里完成现场的施工作业。

第三点从技术角度来看比较成功的部分，是体育场和体育馆的卸载过程非常平稳，整体精度控制、实际现场卸载值我们施工模拟数值高度吻合，体育场实际卸载值 12cm（模拟为 13cm）、体育馆实际卸载值 20cm（模拟为 22cm）。

最后一点，这么大的场馆类建筑体量和高空作业量，整个施工过程没发生一起安全事故，非常难得。我当时牵头整合工程、安全质量等各部门落实高度实操性的施工组织设计方案，并与后续现场的施工顺序、人员布置、屋面安全措施点位布置高度匹配，最终保障了这个重要建筑平稳、安全落地实施，达到高质量水准。

刘宾

青岛市城市规划设计研究院（时任项目设计方总负责人、规划总负责人）

问：青岛市民健身中心项目是联合设计的，作为联合体的双方，从设计到施工建设全过程，请问您们是如何合作完成这座青岛市的地标建筑的？

刘：青岛市民健身中心是 2016 年青岛市重大项目，作为 2018 年山东省运会主场馆，从立项到竣工使用只有两年半左右的时间，这在以前的同类型项目中还没有时间这么紧凑的案例。面对此项重大挑战，我们联合体两家单位从组织、分工、协作、协调、沟通几个角度对具体工作内容进行了认真切分。本着地方院的本土优势以及我们在规划市政等专业的专长，我们青规院主要负责项目的前期资料收集，项目整体组织协调、以及地块规划研究、修详设计、市政等内容；东大院主要负责建筑单体一场一馆所有相关专项的设计和室外景观设计。方案阶段我们在青岛、南京两地集中办公，密切配合，协调一体，仅用两个月时间完成了项目规划设计及单体方案报批，这个重要成果节点为后续工作的顺利实施争取了时间。后续的施工图设计工作也在两家单位的密切配合下在短时间内顺利完成。设计及施工期间，我们联合体派出驻场代表，全面配合施工单位施工，随时根据业主要求组织各专业设计专家来现场答疑解惑，东大院的专业老师们不辞辛劳，顶着高温烈日随叫随到来到施工现场指导工作，他们的敬业精神值得点赞。设计联合体以及业主和施工企业紧密配合，圆满完成了业主交付的重大任务。

问：您能说下青岛市民健身中心项目的建成对青岛城市有哪方面的重要意义吗？

刘：青岛市民健身中心是青岛市级公共服务中心，而且与周边医疗、会展、文化、教育等公共职能一并形成青岛地区重要的公共服务设施集群，对于青岛城市发展而言意义重大。一方面是战略选择，青岛目标建设成为新时代社会主义现代化国际大都市，国际化大都市一般在国际性科技创新、文化交流、生活服务等城市功能要素方面具有极高的整合能力和服务水平，是吸引国际性人力资源汇集、创新产业集聚、文化交流传播必要条件。这其中又以公共服务设施的软硬件水平作为考核国际化水平的重要标尺，目前很多地区性节点城市均把公共服务设施的建设作为重要的城市战略。另一方面，城阳区地处大青岛城镇体系的空间中枢，区位优势明显，市民健身中心等市级公共设施的陆续建成，对服务青岛广大北部区域，实现全域统筹，加快推动城镇化进程，具有不可替代的作用，同时可以联动、整合胶东国际机场、红岛高铁站等诸多战略性发展要素，有利于发挥青岛在半岛城市群的龙头城市的地位和作用。此外，青岛尤其是市南、市北、李沧等主城区的现状体育设施，总体表现为设施总量不足、空间分布不均、服务能级不高等方面，尤其缺乏能够承担国际性赛事的综合性体育场所，市民健身中心的建成将进一步补齐短板，疏解东岸城区空间发展瓶颈，完善城市公共服务职能，提升市民生活满意度。

高庆辉

东南大学建筑设计研究院有限公司（时任项目设计方总负责人、建筑总负责人）

问：您在多个场合谈到青岛市民健身中心这个项目时，都用到“集约”这个词，您能详细阐述下集约一词的内涵吗？

高：青岛市民健身中心的项目设计，从总体布局就考虑把体育场和体育馆相互靠近，以节约土地、架空平台、轻触湿地，来营造滨海诗意场所，预留出大面积的生态本底。这个项目的场馆在满足功能的前提下尽量做小做低，可以和城市层面取得比较和谐的关系。内部空间则通过尽可能的集约，来和人的尺度亲近，也可以节约能耗，设计的时候我们严格控制了各区域的尺度，以观众观赛的体验为核心，最大化地引导观众辨识和可达，一场一馆基本上都是紧密、集约地一层层地包裹着比赛场地建构起来的。所以建筑的形态顺应马鞍形的座席起伏荡漾，没有多余的、无意义的造型设计，这样可以降低建造成本和后期运营费用。

问：请您阐述下，当年的项目设计方案是如何获得政府、甲方以及相关专家等各方认可的？

高：我想从环境谈起。

青岛市民健身中心这个项目，首先要和周边环境协调，具体就是和临近的会展中心、红岛高铁站几个大体量建筑既要相互协调，又要融入南向美丽的胶州湾。第一次去基地踏勘的时候，给我印象最深刻的就是以湿地、虾塘形成的原始生态用地。所以我们将一场一馆的建筑纳入对滨海环境及其他空间要素进行分析、植入和融合后确定。两个建筑在满足使用的基础上尽量压低高度，和现场的水平地景呼应，我主要是想在海天之间用我们的市民健身中心来作为某种轻柔的“衔接”。最后定的体育场建筑高度 50m 左右，体育馆在 37m 左右，北高南低，面向胶州湾，也可以和西边的会展中心高度协调，现在建成后去现场看，觉得和整体环境的关系还是比较恰当的。

其次，一场一馆作为红岛片区乃至青岛城市的城市名片，这种超大规模一般是很难做到具有地域特色的，但是又必须考虑如何让市民认同，能够代表青岛。我们除了对青岛的崂山道教文化和沙滩贝壳这类海洋景物做了提炼外，重点就是在形态细节上和空间表现上来用心刻画，用现代简约、典雅精致的风格来塑造，就是能作出符合青岛时尚又大气的地方气质，也是对地域文化的一种回应。所以大型公共体育建筑，我个人的理解就是无论从具象的物质形态还是抽象的文化精神层面，都不应以孤立的标志物存在，而是要超越个体，为城市作出相应的贡献。所以我们不仅仅把青岛市民健身中心当作一座体育场馆，而是要具有真正的时代性和公共性，无论在建筑、景观还是室内都在绿色、集约、共享等等这些新的发展内涵上，通过建筑设计体现出来。早期的几次方案汇报和交流中，大家觉得这一理念既有前瞻性，又比较接地气，所以方案就比较顺利地被各方接受并确定下来。

问：最后，请您用一句话总结项目成功的原因吧。

高：这个问题很难一句话回答。从技术角度而言，这个项目的设计有些我们对体育建筑的一些认知和思考。从组织实施角度而言，让我们更加坚定了团队合作的坚定信念。在当时线上交流还不流行的时候，在紧张的工期下，组织这么一个大团队奋战这个项目的设计和实施，可想而知团队协作的重要性，这个团队不只是设计单位，首先是建设单位，其他包括施工、监理以及多个专项团队，紧密的协作是项目成功的前提。当然最应感谢的还是在一起攻坚的同事们，大家共同的信念和坚持，才有了今天的青岛市民健身中心。

7 信息 / 后记

Information/Postscript

获奖及参展情况

· 亚洲建筑师协会建筑奖（ARCASIA Awards for Architecture）

2020 年亚洲建筑师协会 (ARCASIA) 建筑奖专门化建筑类荣誉提名奖（金奖空缺）

· 中国建筑学会

2019—2020 年中国建筑学会建筑设计奖建筑创作类金奖

2019—2020 年中国建筑学会建筑设计奖公共建筑一等奖

2019—2020 年中国建筑学会建筑设计奖给水排水二等奖

2019—2020 年中国建筑学会建筑设计奖结构三等奖

2019—2020 年中国建筑学会建筑设计奖幕墙三等奖

· 中国勘察设计协会

2019 年度行业优秀勘察设计奖优秀（公共）建筑设计一等奖

2019 年度行业优秀勘察设计奖优秀水系统工程二等奖

2019 年度行业优秀勘察设计奖优秀建筑结构三等奖

· 教育部

2019 年度优秀勘察设计优秀建筑工程设计一等奖

2019 年度优秀勘察设计优秀建筑结构设计一等奖

2019 年度优秀勘察设计优秀水系统工程设计一等奖

· 其他奖项

2018 年度青岛市优秀城乡规划设计奖（城市规划类）二等奖

第八届“创新杯”建筑信息模型（BIM）应用大赛优秀 BIM 应用奖

· 参展

国际建筑师协会（UIA）2020 年第 27 届国际建协世界建筑师大会中国馆展览

中国建筑学会 2022 年首届 ASC 青年建筑师奖作品展览

设计及参与建设团队

设计单位：东南大学建筑设计研究院有限公司

青岛市城市规划设计研究院

项目总负责人：高庆辉、刘宾

技术总负责人：孙逊

项目负责人：高庆辉、袁玮、万小梅

方案：高庆辉、万小梅、赵效鹏、崔慧岳、艾迪、袁伟俊、徐旺、张哲境

建筑专业负责人：袁玮、石峻垚、薛丰丰

结构专业负责人：孙逊、韩重庆、杨波

建筑：万小梅、石峻垚、薛丰丰、李宝童、艾迪、吴文竹、赵效鹏、严希、徐旺、张哲境

结构：韩重庆、杨波、张翀、唐伟伟、黄凯、张鹏、李亮、袁杰、肖亦苏、周陈凯、王晨

给水排水：王志东、程洁、赵晋伟、杨妮、刘济阳

暖通：丁惠明、孙菁、陈俊、顾奇峰、张成宇、胡依峰

电气：周桂祥、许轶、叶飞、凌洁、李艳丽

智能：臧胜、张程、张磊、章敏婕

景观：唐小简、叶麟、李然、路苏荣、盛子菡、耿碧萱、黄河

绿建：丁迎春

BIM：江苏建威建设管理有限公司

经济：张萍、胡寅倩、王智劼、谢莉

规划：刘宾、孙文东、管毅、李国强、吕翀、化继峰、王吉祥、高强、于义城、彭嵩、宋晓峰、刘焕光

景观概念：上海柏厘景观规划设计有限公司

体育工艺：北京华体创研工程设计咨询有限公司

钢构设计：中国建筑科工集团有限公司

幕墙设计：中国建筑深圳装饰有限公司

灯光设计：Musco Sports Lighting, LLC.

室内设计：中国建筑装饰集团有限公司

施工总包：中国建筑第八工程局有限公司、中国建筑第五工程局有限公司、中国建筑股份有限公司

施工监理：青岛市工程建设监理有限责任公司（体育场）、青岛理工大学建设工程监理咨询公司（体育馆）

委托方：青岛高新技术产业开发区管委会社会事务局

作者简介 Author Introduction

高庆辉

江苏省设计大师

东南大学建筑设计研究院有限公司总建筑师

博士、研究员级高级工程师、国家一级注册建筑师

东南大学建筑学院研究生导师、设计课外请督导

兼任：

中国体育科学学会、中国建筑学会体育建筑分会理事

中国建筑学会建筑文化学术委员会委员

中国演艺设备技术协会演艺场馆设计分会专家委员

国际绿色建筑联盟技术委员会专家

江苏省建筑与历史文化研究会常务理事、建筑设计与创新专业委员会副主任委员等

高庆辉先生一直从事建筑创作的实践与理论研究。他始终秉持理性与思辨的“原创”原则，倡导“集约、可变、共享”的设计理念，通过面向自然、地域、人文、传统与未来等多维度的思考，以平静的力量、诗意的创作和精细的营造，让建筑成为传承传统文化、体现地域特色和时代精神的建筑经典。近年来，他主持完成了全国数十项体育、文化、教育、科研以及城市综合体等重要作品，得到了业主、行业和社会的广泛好评。先后获得 60 余项国内和国际优秀设计奖：“亚洲建筑师协会 (ARSAISA) 荣誉提名奖”“中国建筑设计金奖、银奖”“全国行业优秀勘察设计奖优秀建筑设计一等奖”“教育部优秀建筑设计奖一等奖”“江苏省优秀工程设计奖一等奖”“WA 中国建筑技术进步奖入围奖”“紫金奖·建筑及环境设计大赛金奖”等。作品曾参加第 27、28 届国际建筑师协会（UIA）世界建筑师大会中国馆展览、美国宾大沃顿中心“当代中国建筑展 (CCAP)”、亚洲国际建筑交流会青年建筑师作品展 (ISAIA) 等国内外展览。在《建筑学报》等期刊发表文章 30 余篇，出版著作 2 部，多项作品入选《中国建筑艺术年鉴》《中国建筑设计作品年鉴》等书籍。2006 年高庆辉先生获得中国建筑学会第六届“青年建筑师奖”，2019 年荣获江苏省委宣传部“江苏省首批紫金文化创意英才”，2022 年获批“江苏省设计大师”称号。

集约的意义

众所周知，国内外的大型体育中心作为代表地方形象的城市名片，通常投资大、占地大，建设前期就受到决策者以及社会公众的高度期待，但建成后普遍又都面临着土地利用不充分和空间浪费，以及后期运营压力大，因而长期闲置沦为城市“孤岛”的矛盾。因此，如何处理好建筑与城市的关系，实现场馆多用、降低能耗和运营费用，成为我们近年来在研究和实践大型体育中心项目中一直思考和探索的问题。

在青岛市民健身中心项目中，从规划开始研究，融入城市，做集约，建筑尽量少占地，减少不必要的室内外空间浪费，将场馆外在形态和内延的功能、空间与大跨结构尽量统一，是我们在八年前开始设计时，对于大型体育场馆的未来发展方向进行预判后采取的策略。记得 2020 年参加亚洲建筑协会建筑奖颁奖时，专家评语有这么一段话：“结构与形式相结合，使健身中心看起来有着轻如薄翼的力学之美 (The project combines structure with form to make the fitness center look as light as a wing with the beauty of force)。”这让我回想起设计之初、现场踏勘面对基地环境时就考虑把大场馆做“轻”的初衷。这个轻，它有多重涵义：有视觉上的“轻”，也有物理上和场地的“轻接触”。作为心中最初朦胧的图景，从那一刻起，我们就期盼着未来大型体育场馆乃至其他建筑都能够回归自然、回归人本，好看又好用，成为有价值的公共场所。

最后，回到青岛市民健身中心项目本身，它是我和团队从事体育建筑设计以来遇到的最大的项目之一，在我们心中的分量可想而知。建成五年来，项目获了不少奖项，也到了总结的时候。从设计、建设、运营乃至社会各界的评价来看，实现了大家所说的社会、经济和环境效益的统一，也许这就是集约建构带来的意义，“集约”作为这本书的名字，也是写这本书的原因。

高庆辉

2024 年 4 月于南京

图片版权　Image Copyright

· 建成照片

摄影（除下面注明外）：侯博文

摄影：钟宁，P043、P146 下、P147、P158 下、P159 上、P162、P163 上、P177 下

摄影：高庆辉，P141、P143

· 施工照片

摄影：中国建筑幕墙有限公司，P175、P177 上

摄影：高庆辉，P170、P171 上、P172 左下、P174

摄影：中国建筑科工集团有限公司，P171 下、P172 上、P172 右下、P173

· 模型照片

摄影（除下面注明外）：崔旭峰

摄影：高庆辉，P021-P025

· 运营照片

摄影：中国建筑青岛体育文化发展有限公司

· 其他

摄影：高庆辉，P120 左下、P166 左下

摄影：韩重庆，P098 下

摄影：高龙，P201

摄影：中国建筑青岛体育文化发展有限公司，P179

P015 右下、P023、P030、P031、P034、P057 插图源自网络，版权归属原作者。我们为未能联系到图片作者而深感抱歉，若有相关版权问题，请作者不吝及时联系我们 1295673254@qq.com

图书在版编目（CIP）数据

集约建构：青岛市民健身中心 =Compact Constructing Qingdao Civic Fitness Center / 高庆辉著 . —北京：中国建筑工业出版社，2024.6
ISBN 978-7-112-29884-6

Ⅰ.①集… Ⅱ.①高… Ⅲ.①体育建筑—建筑设计—青岛 Ⅳ.① TU245

中国国家版本馆 CIP 数据核字（2024）第 099690 号

责任编辑：王 惠 陈 桦
责任校对：王 烨

集约建构——青岛市民健身中心
Compact Constructing Qingdao Civic Fitness Center

高庆辉 著
*
中国建筑工业出版社出版、发行（北京海淀三里河路 9 号）
各地新华书店、建筑书店经销
北京海视强森文化传媒有限公司制版
北京富诚彩色印刷有限公司印刷
*
开本：880 毫米 × 1230 毫米 1/16 印张：13¼ 字数：592 千字
2024 年 8 月第一版 2024 年 8 月第一次印刷
定价：**158.00** 元
ISBN 978-7-112-29884-6
（42884）